Palast der Blüten
Das Schönbrunner Palmenhaus

HOLZHAUSEN

Dieses Buch entstand mit Unterstützung durch:
Baumann/Glas/1886 GmbH
www.baumann-glas.at

und dem Bundesministerium für Land- und Forstwirtschaft,
Umwelt und Wasserwirtschaft

Die Deutsche Bibliothek – CIP-Einheitsaufnahme
Ein Titelsatz dieser Publikation ist bei
der Deutschen Bibliothek erhältlich

Holzhausen Verlag

Wien 2002
Umschlag und Graphische Gestaltung: Róbert Kaitán
Druck: Adolf Holzhausens Nfg., Wien
Printed in Austria
ISBN 3-85493-052-6

Gerhard Deimel / Kurt Vogl
Fotos: Ingrid Gregor

Palast der Blüten

Das Schönbrunner Palmenhaus

Holzhausen Verlag · Wien 2002

Geschichte der Schönbrunner Gartenkultur

Schloß- und Gartenanlage

Wo heute das Schönbrunner Palmenhaus mitten in den Gartenanlagen von Schloß Schönbrunn steht, durchzog im 12. Jahrhundert der Wienfluß weitläufige Auen.

Er hatte die Entwicklung einer Besiedelung begünstigt und ließ inmitten von Viehweiden mehrere Mühlen an seinem Flußlauf zu.

Anläßlich eines Rechtsstreites um die Holzbeschaffung für die Befestigung der Mühlenanlagen am Wienfluß im Jahr 1311 hören wir zum ersten Mal von der „Khattermühle“, einer jener zahlreichen Wassermühlen dieser Gegend, die sowohl dem Getreidemahlen, als auch der Waffenschleiferei dienten.

Der erste urkundlich erwähnte Eigentümer war Johann von Nußdorf, der sie 1312 an das Babenberger-Stift Klosterneuburg verkaufte. 1422 ließ der Wiener Bürger Ehrenreich Khlöppl neben ihr ein kleines Schloß errichten und nach mehrmaligem Besitzerwechsel wurden Mühle und Schloß 1497 vom Stift zurückgekauft.

Im Zuge des ersten Türkeneinfalles 1529 wurde auch die Kattermühle arg in Mitleidenschaft gezogen. 1548 kaufte Hermann Bayer, späterer Stadtanwalt und Bürgermeister von Wien, das gesamte Objekt und baute kurz danach auf dem Grund des dazugehörigen Meierhofes ein sogenanntes Herrenhaus, die „Katterburg“. Die dazugehörende Mühle, die „Kattermühle“ und die daneben errichtete „Katterburg“ sollten nun zur Wiege von Schönbrunn werden.

Großes Interesse an der Katterburg samt umgebendem Areal hatte kurz darauf auch Kaiser Maximilian II.. Er erwarb am 8. Oktober 1569 Mühle und Burg und ließ das gleichzeitig miterworbene Gebiet für die damals in Herrscherhäusern beliebten Jagden einfrieden und mit Fasanen und anderem Geflügel sowie Rot- und Schwarzwild besetzen. Von daher leitet sich auch der Name „Fasangarten“ für den hinteren, heute öffentlich nicht begehbaren Teil Schönbrunns ab. Persönlich hatte der Kaiser jedoch seinen neuen Besitz nie gesehen, da er die meiste Zeit in Prag residierte und schließlich auf dem Reichstag zu Regensburg starb. 1570 wurde die Mühle abgerissen, der Mühlbach aber, der später vom Lainzer Bach abgezweigt wurde und der auch die „Rote Mühle“ in Meidling betrieb, floß noch bis 1848 durch das Schloßareal und mündete nahe dem Meidlinger Tor in den Wienfluß, bis er wegen des üblen Geruches, den er besonders im Sommer verbreitete, unter Kaiser Ferdinand I. dem Gütigen überdeckt und sein Wasser abgeleitet wurde.

Wenn auch Schönbrunn für den Kaiserhof hauptsächlich als Jagdgebiet vorgesehen war, so gab es doch auch in der Nähe der Katterburg (vermutlich vor der später erbauten Orangerie) einen Ziergarten mit langen Heckengängen, die man „spanische Wände" nannte. Sie bestanden aus „spanischem Holunder", gemeint war Flieder, und aus zahlreichen Kübeln mit „Welschen Päumen", wahrscheinlich Orangenbäumchen. 1576 wurden die ersten Roßkastaniensamen gepflanzt, bis nach drei Jahrzehnten schließlich die ersten Bäume erblühten.

Nach der Zerstörung der Katterburg durch die Ungarn erwarb sie 1608 Kaiser Matthias und ließ sie neu aufbauen. Ihm wird die Entdeckung eines ergiebigen Trinkwasserbrunnens, der sich im östlichen Teil des Parks befindet, zugeschrieben. So soll er 1619 während einer Jagd dort ausgeruht und den denkwürdigen Ausspruch getan haben: „Dies ist ein schöner Prunn!", was zur späteren Bezeichnung „Schönbrunn" führte. Das Schönbrunner Schloßareal ist – geologisch gesehen – ein großer „Artesischer Brunnen" , bei dem Wasser zwischen zwei undurchlässigen Gesteinsschichten „eingespannt" ist und an natürlichen Störungszonen der Erdoberfläche austritt, und eben einen solchen soll der Kaiser selbst entdeckt haben.

Kaiser Ferdinand II. überließ die Katterburg seiner zweiten Gemahlin, Eleonore von Gonzaga, als Sommerresidenz, wo sie ihrer Jagdleidenschaft frönen konnte. Auch der Zubau zur alten Katterburg von 1638 bis 1643, das sogenannte Gonzaga-Schloß, geht auf sie zurück. Nach dem Tod des Kaisers war es sein Sohn, Kaiser Ferdinand III., der seiner Mutter die Katterburg samt Jagdgebiet zur lebenslangen Nutznießung überließ. Unter seiner Regentschaft wurde bereits 1638 ein Gewächshaus – sogar mit Fußbodenheizung! – errichtet. Von damals stammt auch die erste schriftliche Erwähnung „Schönbrunns" als Grundstück.

Das für Europa schicksalhafte Jahr 1683 ging auch an Schönbrunn nicht spurlos vorüber. Die Türken zerstörten die Katterburg und das an sie angebaute Schloß völlig. Die Reste beider Bauwerke wurden übrigens 1987/88 und 1994/95 neben und unter dem heutigen Schloß wiederentdeckt, das heißt, daß der Neubau nicht – wie ursprünglich angenommen – „in die grüne Wiese gestellt", sondern zum Teil auf den Fundamenten der früheren Anlagen errichtet wurde.

Kaiser Leopold I. ließ für seinen Sohn, den späteren Kaiser Joseph I., Wiens berühmten Architekten Johann Bernhard Fischer von Erlach einen ersten Plan für einen Neubau entwerfen. Statt der zerstörten Katterburg sollte ein Schloß nach dem Vorbild von Versailles auf dem ungefähr 60 Meter hohen „Schönbrunner Berg", dem heutigen Glorietteberg, entstehen. Doch erst Fischers zweites, einfacheres und daher auch billigeres Projekt wurde von Hofarchitekt Nikolaus Franz Freiherr von Pacassi in den Jahren

Die Wiege von Schönbrunn: Katterburg mit Gonzaga-Schloß – im Hintergrund der noch bewaldete Gloriette-Berg

1696 bis 1701 zum Großteil verwirklicht. Hernach ruhten aber die Bauarbeiten wieder wegen der beginnenden Erbfolgekriege. 1705 wurde dann der Bau unter Kaiser Joseph I. fortgesetzt, kam aber sehr bald ein weiteres Mal – kriegsbedingt und durch den frühzeitigen Tod des Kaisers – zum Erliegen. Wer weiß außerdem schon, daß das berühmte „Schönbrunner Gelb" ursprünglich ein „Schönbrunner Rosa" war, das höchstwahrscheinlich erst unter Kaiser Franz Joseph I. geändert wurde? ...

Hand in Hand mit dem Schloßbau begann auch die Geschichte des barocken „Lustgartens Schönbrunn", wobei das bisherige Jagdgebiet in eine französischen Vorbildern entsprechende Gartenanlage umgewandelt werden sollte. Die Gärten dieser Zeit zeichneten sich durch künstlerisch zurechtgeschnittene Bäume und Hecken sowie durch lange, schnurgerade Alleen, Springbrunnen, Statuen, Lauben und „Irrgärten" aus. Das südöstliche Viertel des Schönbrunner Irrgartens ist übrigens derzeit wiederhergestellt und öffentlich zugänglich! Den Auftrag für die Neuanlage des Parks, die von 1695 bis 1706 durchgeführt wurde, erhielt der Franzose Jean Trehet, und schon um 1700 gab es einen Orangeriegarten.

Erst Maria Theresia, Tochter Kaiser Karls VI., die 1740 den Thron bestieg, erwählte Schönbrunn offiziell zu ihrer Sommerresidenz. So kam es am 25. Februar 1743 zu dem Auftrag, den Schloßbau nicht nur fertigzustellen, sondern auch zu erweitern. Mit den Arbeiten, die von 1743 bis 1749 dauerten, wurden der Hofarchitekt Nikolaus von Pacassi und Baumeister Ignatius von Valmagini betraut. Charakteristisch für das Schloß sind die nüchternen, klassizistisch-französisch beeinflußten Fassaden und eine überschwängliche Rokokoausstattung im Inneren.

Der Garten hingegen wurde in klassischem Barock ausgeführt. Er breitet sich mit den öffentlich nicht begehbaren südlichen Teilen insgesamt fast zwei Quadratkilometer aus, was in etwa der Fläche des ersten Wiener Gemeindebezirkes entspricht. Zwischen 1750 und 1755 wurde dann vom berühmten holländischen Gärtner Adrian van Stekhoven eine Gesamtänderung der Trehetschen Anlage durchgeführt. Die letzten Entwürfe – vor allem was die Gestaltung des „Schönbrunner Berges" betraf – stammten jedoch vom Hofarchitekten Johann Ferdinand Hetzendorf von Hohenberg. Er errichtete unter Verwendung alter Teile vom Schloß Neugebäude die Gloriette, die römische Ruine und den Obelisken, denn die Herrscherin wollte nach dem Auflassen der Anlage für diese „unnützen Steyn" eine sinnvolle Verwendung finden! Gleichzeitig mit den Arbeiten an Schloß und Garten wurde auch das große, fast 200 Meter lange Orangerie-Gebäude im Osten des Parks errichtet. Vorher waren dort einige Bassins und bereits zwei Gewächshäuser aus Holz gewesen.

Der Gemahl und Mitregent Maria Theresias, Kaiser Franz I., übte auf alle diese Umbauarbeiten nur einen geringen Einfluß aus. Mit seinem Namen sind hingegen drei andere Schöpfungen eng verbunden: Die Gründung des „Hof-Naturaliencabinets" 1748, das später den Grundstock für das Wiener Naturhistorische Museum lieferte, die Gründung der Menagerie 1751, die von Jean Nicolas Jadot de Ville-Issey angelegt und 1752 vollendet wurde und heute der älteste Tiergarten der Welt ist, und schließlich die Gründung des sogenannten „Holländischen Gartens", auf dessen Areal viel später dann das heutige Palmenhaus errichtet werden sollte.

So begann man neben dem „Lust- und Ziergarten", der noch unter Maria Theresia öffentlich und frei zugänglich wurde, auch fremdländische Pflanzen zu kultivieren. Der Kaiser hatte zu diesem Zweck 1753 von der Gemeinde Hietzing ein verwildertes Grundstück gekauft, auf dem sich heute das Palmenhaus mit seinem sogenannten „Garten-Parterre" befindet und ließ darauf von Adrian van Stekhoven einen Garten mit einem großen

Treibhaus im Norden und vier Glashäusern im Westen errichten. Die dafür errichteten Gewächshäuser waren nur einseitig lichtdurchlässig und konnten durch ihre so gewählte Lage das Sonnenlicht für damalige Verhältnisse optimal ausnutzen.

Der Garten selbst war dreiteilig und bestand im Norden aus dem „Blumengarten", der auch exotische Bäume enthielt, in der Mitte aus dem „Gemüsegarten", in dem auch Spalierobst gezogen wurde, und im Süden aus dem „Obstbaumgarten". Gleichzeitig wurde daneben das sogenannte „Gartendirektor-Stöckl" errichtet, in dem bis 1908 die Hofgarten-Direktion untergebracht war. Zahlreiche Ankäufe, Tauschgeschäfte und besonders die eigens dafür ausgerüsteten Sammelreisen führten aber bald dazu, daß bereits 1788 und 1789 unter Kaiser Joseph II. das Treibhaus durch zwei Flügel vergrößert sowie drei neue Glashäuser dazugebaut werden mußten. An der Stelle der vier westlichen Gebäude kamen später das „Kap-Haus" für die Aufnahme der südafrikanischen Pflanzen und das „Oktogon" dazu. Sie alle sind jedoch zusammen mit dem Großen Stekhovenschen Treibhaus 1883 im Zuge des Palmenhausneubaues abgetragen worden.

1788 war zusätzlich zu den anderen Glashausbauten auf einem neu erworbenen Feld das „Arboretum", eine zu Studienzwecken angelegte Anpflanzung besonders schöner und seltener, meist nordamerikanischer Bäume und Sträucher, entstanden.

1799 waren jedenfalls in Schönbrunn bereits an die 800 Pflanzengattungen mit insgesamt 4000 Arten – besonders Kappflanzen – vorhanden, die in der Folge sogar auf über 1200 Gattungen mit ungefähr 7000 Arten anwuchsen. Damit hatte man den großen Konkurrenten, die Royal Kew Gardens bei London, sogar übertroffen.

Überreste dieses „K.K. Hofpflanzengartens" oder „Holländischen (Holländisch-Botanischen) Gartens", wie er aufgrund der Herkunft Stekhovens und seines holländischen Gehilfen Richard van der Schot bald genannt wurde, findet man heute noch als unverputzte Ziegelmauer gleich rechts neben dem Hietzinger Eingang in den Schloßpark, an der man dahinter – im öffentlich nicht begehbaren „Schlosserhof" – sogar noch die zugemauerten Tür- und Kaminöffnungen zu den einstigen Glashäusern erkennen kann. An deren Stelle befindet sich heute der Hauptweg zum Palmenhaus, Sonnenuhrhaus und zum Tiergarten. Dieser Weg wird auf der Westseite von einer weiß- und rotblühenden Roßkastanienzeile begrenzt, in deren Schatten im Sommer seit mehreren Jahren eine prachtvolle und von allen Besuchern des Schloßparks bewunderte Fuchsien-Schau zu sehen ist.

Ursprünglich waren all die Pflanzen – dem damaligen Geschmack entsprechend – reihenförmig angeordnet worden. Doch im Jahr 1828 erhielt der Hofgärtner Dr. Heinrich Wilhelm Schott von Kaiser Franz II. den schwierigen Auftrag, den Holländischen Garten sowie das Arboretum in eine der Natur nachempfundene englische Anlage umzugestalten. Einige wenige Reste des Arboretums sind heute noch vorhanden wie etwa die Winterlinde ganz in der Nähe des heutigen Palmenhauses. Daneben stehen ein nordamerikanischer Tulpenbaum und vier alte Platanen, die noch die ursprüngliche Reihenpflanzung erkennen lassen. Westlich davon sind ein japanischer Schnurbaum, ein Ginkgobaum, eine Baumhasel und eine imposante Stieleiche zu sehen. Auch die beiden Eiben bei den Platanen dürften aus dieser Zeit stammen. Heute werden auf dem Gelände dieses ehemaligen Arboretums im Sommer überwiegend australische, südafrikanische und amerikanische Kübelpflanzen, die im Sonnenuhrhaus überwintern, ausgestellt.

Zwischen 1830 und 1852 gestaltete Schott auch noch die heutige „Postwiese", die sich hinter dem Postamt befindet, und die „Dreieckwiese", die daneben in Richtung Schloßparkmauer liegt, in einen englischen Naturgarten um. Während ein Teil des Holländischen Gartens im Zuge des Palmenhausneubaues als sogenanntes „Garten-Parterre" in eine französisch-geometrische Form rückverwandelt wurde, blieb der englische Gartenstil in den anderen Teilen bis heute nahezu unverändert erhalten.

Ein weiteres Glashaus zur Aufzucht und zur Aufnahme kranker Pflanzen befand sich zusammen mit zwei „Lusthäuschen" auf der „Postwiese". Damals allerdings war das Gebäude davor noch kein Postamt, sondern das „Kaiser-Stöckl" oder „Kaiser-Haus", das Maria Theresia für ihren Leibarzt Gerard van Swieten hatte errichten lassen. Bis 1918 diente es hochstehenden Beamten als Sommerresidenz, nach einer kurzen Zeit als Kaffeehaus wird es seit 1929 als Postamt genutzt.

Auf der „Dreieckwiese" gab es seit etwa 1800 eine Anlage von 24 Beeten mit 400 meist inländischen Pflanzen, die nach dem großen schwedischen Botaniker und Begründer der wissenschaftlichen Systematik, Carl von Linné (1707–1778), angeordnet waren und den Erzherzogen Anton Victor und Johann, den Brüdern von Kaiser Franz II., zum „Selbstunterricht in der Botanik" dienen sollte. Der Kaiser, der selbst ambitionierter Botaniker war, hatte die Gestaltung der Wiese in Auftrag gegeben.

Eine Besonderheit befindet sich heute noch in unmittelbarer Nähe dieser ehemaligen Anlage. An der Fahrstraße zwischen dem sogenannten „Badhaus-Stöckl", dem heutigen Bauhof, und der Wagenburg, der ehemaligen Winterreitschule, steht in einer halbkreisförmigen Ausnehmung der erste Ginkgobaum von Wien. Er war mit drei weiteren über England nach Mitteleuropa gekommen und hier 1781 eingepflanzt worden. Es ist ein männliches Exemplar mit einem eingepfropften weiblichen Ast. Ebenso wie die

„Geschlechtsumwandlung": Männlicher Ginkgo-Baum mit eingepfropftem weiblichem Ast

erwähnte Stieleiche steht er als Naturdenkmal auf der Liste der geschützten Exemplare des Wiener Naturschutzes.

Ende des 18. Jahrhunderts und in den Jahren von 1801 bis 1822 ließ Kaiser Franz II. erneut einige Grundstücke längs der Maxingstraße, die damals noch Hetzendorferstraße hieß, vom Stift Klosterneuburg ankaufen, wahrscheinlich um das Arboretum zu erweitern. Dort fanden wiederum vor allem nordamerikanische Bäume und Sträucher eine neue Heimat. Auch mehrere Glashäuser sowie das „alte Palmenhaus" wurden darauf errichtet. Insgesamt entstanden 14 Glashäuser, deren größtes das an das alte Palmenhaus anschließende „Aroideen-Haus" für rund 400 verschiedene Arten von Aronstabgewächsen war.

Der eigentliche Botanische Garten, der an das ehemalige Arboretum anschließt und sich bis zum Hietzinger Friedhof erstreckt, wurde zwischen 1830 und 1848 vom damaligen Hof-Gartendirektor Dr. Heinrich Wilhelm Schott in einen natürlichen englischen Garten umgewandelt. Auch dieser Gartenbereich ist bis heute nahezu unverändert erhalten.

Zwischen Arboretum und Botanischem Garten befanden sich zwei Glashäuser mit Proteagewächsen, Eriken und Orchideen und der älteste

Typisch für den Ginkgo-Baum: Gelappte Blätter und nackte Samen

Alpengarten Europas, dessen Pflanzen nach Schotts Tod 1865 in den heutigen Alpengarten im Oberen Belvedere übersiedelten.

Der ungeheuer angewachsene Pflanzenreichtum, aber auch die Baufälligkeit der Gebäude, führten schließlich dazu, daß alle alten Gewächshäuser nach und nach durch neue ersetzt wurden und man an die Errichtung eines einzigen großen Palmenhauses statt der vielen kleinen Gewächshäuser dachte. Erste Ideen dafür gab es bereits von Hofgärtner Schott, die konkreten Planungen begannen jedoch erst unter Kaiser Franz Joseph II..

Auf nach „Westindien“: Botanische Sammelreisen der Habsburger

Nach der Begeisterung am Anlegen von „Lust- und Ziergärten“ vorangegangener Jahrhunderte erwachte im Europa des 18. Jahrhunderts das wissenschaftliche Interesse an der Botanik, der „lieblichen Wissenschaft“ oder „*scientia amabilis*“. Auch hierbei waren Renommierbestreben, Prestigedenken und praktische Gesichtspunkte der Herrscher maßgeblich, besonders was arzneimittelliefernde Pflanzen anbelangt.

Unter vier Habsburger-Kaisern wurden für die Entwicklung der Gartenkultur aufwendige wissenschaftliche Expeditionen in alle Welt entsandt, die insbesonders aus den Tropen Pflanzen und Tiere, aber auch Mineralien, Gesteine, Fossilien und völkerkundlich wertvolle Gegenstände heimbrachten. Auch auf Kriegsschiffen wurden für botanische und zoologische Zwecke Wissenschafter, Maler, Jäger, Fallensteller und Präparatoren mitgenommen.

1754 beauftragte Kaiser Franz I. zunächst den holländischen Gärtner Richard van der Schot, Gehilfe des berühmten Adrian van Stekhoven, in Holland für die neugeschaffenen Glashäuser einen Grundstock an Pflanzen zu erwerben. Großes Aufsehen erregten darunter besonders eine Fächerpalme und eine Agave, weil sie außerhalb ihrer Heimat in Wien zum ersten Mal zum Blühen gebracht worden waren!

Im selben Jahr noch übernahm der ebenfalls in den Niederlanden geborene junge Medizinstudent Nicolaus Joseph von Jacquin die Leitung der ersten großen österreichischen Expedition nach „Westindien“. Diese Reise zu den karibischen Inseln und nach Südamerika, an der auch Richard van der Schot teilnahm, dauerte von 1754 bis 1759 und brachte sieben ergebnisreiche Sendungen mit Pflanzen und Tieren, die alle wohlbehalten in Wien eintrafen.

Der Lohn für die ungeheuren Strapazen dieses gefährlichen Unterfangens, bei dem häufig gegen Krankheiten und Unwetter zu kämpfen war, sollten 67 Kisten mit lebenden Pflanzen und Samen, darunter in Europa gänzlich unbekannte oder seltene Arten, sein. Besonders vertreten waren tropische Nutzhölzer sowie Heil-, Gift- und Zierpflanzen, Zwiebelgewächse, Bromelien (Ananasgewächse), Kakteen und Wolfsmilchgewächse. Jacquin war auch der erste, der Zuckerrohr, Zimtbaum, Kakaobaum, Brotfruchtbaum, Mangostane und den giftigen Mancinellenbaum der Antillen nach Schönbrunn brachte. Er hatte schon im Verlauf seiner Forschungsreise begonnen, die entdeckten Pflanzen zu zeichnen und die Ergebnisse zu

Ein besonders attraktives Wolfsmilchgewächs: Die Acalypha

dokumentieren. Seine beiden Bücher, die so entstanden waren, widmete er dem Botaniker Carl von Linné und Kaiser Franz I.. Überdies veröffentlichte Jacquin außer diesen beiden Büchern noch insgesamt 36 Bände, darunter eine fünfteilige „Flora Österreichs", die Maria Theresia ebenso in Auftrag gegeben hatte wie eine vierteilige Beschreibung der Schönbrunner Pflanzen.

All diese Pflanzenschätze aus fernen Ländern sollten unter Stekhovens und van der Schots Pflege bestens gedeihen – bis zu jenem fatalen 29. November des Jahres 1780: Ein Gärtnergehilfe hatte vergessen, das große Treibhaus bei der gerade herrschenden Kälte zu heizen, und als er den entstandenen Schaden durch übertriebene Hitze wieder gut machen wollte, vertrockneten schließlich viele jener Pflanzen, die soeben der Kälte noch stand gehalten hatten ...

Daraufhin gab Kaiser Joseph II. noch einmal eine Reise in die Tropen in Auftrag. Die Expedition nach „Westindien" unter der Leitung von Franz Josef Märter ging 1783 von Wien ab und brachte fünf Jahre später, zwar nur mehr mit einem Teil der Besatzung – der Schiffsarzt und der Maler hatten sich in Amerika niedergelassen –, reiche Ausbeute an Pflanzen und Tieren heim. Auch eine dritte Reise im Auftrag des Kaisers unter der Leitung des Gärtners Franz Boos – diesmal nach Südafrika – ergab eine Fülle exotischer Pflanzen.

Weniger spektakulär und daher meist unbeachtet blieb die Studienfahrt und Sammelreise Joseph Jaquins von 1788 bis 1790 durch Deutschland, Holland, England, Frankreich und die Schweiz, wo er Pflanzenraritäten erstehen, aber auch Bergwerke und Fabriken besichtigen sollte. Dabei sandte er aus London die erste lebende Venusfliegenfalle, die bekannteste „fleischfressende Pflanze". Weiters erwarb er auch Ginseng-Wurzeln und das erste „Fleischhacker-Stöckerl", eine asiatische Pflanze mit dem wissenschaftlichen Namen *Aucuba japonica*, die – wahrscheinlich wegen ihrer blutwurstähnlich gezeichneten Blätter – früher gern in Fleischhacker-Auslagen zu sehen war. Joseph Jacquin folgte seinem Vater als Direktor des Botanischen Institutes und des Botanischen Gartens in Wien nach und leitete diese beiden Institutionen bis 1839.

Auch Kaiser Franz II. bereicherte die Habsburger-Sammlungen durch sein Privat-Herbar und ließ außerdem in Schönbrunn einen großen Obstgarten anlegen. Ebenso trug das Interesse der Söhne Kaiser Leopolds II., Erzherzog Johann, Anton Victor und Rainer, an der Botanik wesentlich zur Ausgestaltung Schönbrunns bei. Sie legten nahe der Gloriette einen „Berggarten mit Medicinal-, Ökonomie- und Färbepflanzen" und einen Alpengarten an, dessen Gewächse von ihnen selbst gesammelt worden waren.

Nach dem Tod von Erzherzog Anton Victor 1835 wurde seine umfangreiche Kamelien-Sammlung in einem eigenen „Kamelien-Haus" in Schönbrunn untergebracht.

Kurioserweise bewirkte die Inhaftierung Napoleons auf der Insel St. Helena auch eine kurzfristige Bereicherung der Schönbrunner Sammlungen. Zusätzlich zum österreichischen Aufsichtspersonal entsandte der Kaiser auch einen Gärtner mit dem Auftrag, Pflanzen für Schönbrunn zu sammeln. Jener Philipp Welle blieb von 1815 bis 1817 auf der Insel. Leider ließ sich seine Sammlung in Wien nicht lange kultivieren und ging rasch verloren.

Anläßlich der Vermählung von Erzherzogin Leopoldine mit dem damaligen Kronprinzen von Portugal, Algarbien und Brasilien, dem nachmaligen Kaiser von Brasilien Dom Pedro d'Alcantara, beschloß Kaiser Franz II. 1817,

Aus den botanischen Reiseillustrationen der Brasilienexpedition:
Die Leopoldinia-Palme

eine der größten naturwissenschaftlichen Expeditionen zur naturhistorischen Erforschung Brasiliens unter der Leitung des Prager Botanik-Professors Johann Mikan zu entsenden. Im Zuge der Reise wurde in Rio de Janeiro ein „Acclimatisationsgarten" angelegt, um die Pflanzen und Tiere für ihre lange Fahrt nach dem fernen Europa vorzubereiten. Am Ende der Expedition zählte man fünf Transporte mit 2000 Arten in rund 7000 Exemplaren lebender Pflanzen und 80 Arten von Hölzern. Die Früchte hatte man – wie bei einem Rumtopf – in Weingeist konserviert. An die damalige Erzherzogin und spätere Kaiserin von Brasilien Leopoldine erinnert heute noch eine Palmengattung, die ihr zu Ehren *Leopoldinia* genannt wurde. Die *Mikania,* ein Korbblütler, verweist auf die botanischen Verdienste des Forschungsleiters Johann Mikan.

Im Jahr 1821 erhielt Schönbrunn außerdem eine bedeutende Pflanzensammlung aus Haiti, die vom Gärtner Karl Ritter während einer Handelsexpedition angelegt worden war.

Ohne Auftrag des Kaisers ist die sogenannte „Neuholländer"-Sammlung enstanden. Sie wurde 1848 vom Kaiserhaus angekauft, umfasste 32 000 naturhistorische und völkerkundliche Objekte und stammte aus dem Privatbesitz des Begründers der Wiener Gartenbaugesellschaft, Freiherr Karl Alexander Anselm von Hügel, der selbst eine Reise nach dem Fernen Osten unternommen hatte.

Kaiser Franz Joseph I. setzte die botanischen Sammelreisen unter habsburgischer Flagge fort, wenn auch nicht in demselben Ausmaß wie seine Vorgänger. Denn inzwischen waren private Forscher zunehmend aus eigenem Interesse mit größeren Sammlungen zurückgekehrt. So konnte der Kaiserhof wertvolle Pflanzen auch in Wien erwerben. 1867 wurde die Pflanzensammlung des Fürsten Kinsky und 1868 die des Fürsten Beer aufgekauft, später noch die fürstlich Rohansche Sammlung. Eine Weltreise des Erzherzogs Franz Ferdinand von 1857 bis 1859 erbrachte ebenfalls eine reiche Pflanzenausbeute für Schönbrunn. Von der Beerschen Sammlung und von dieser Weltreise stammten übrigens die ersten Orchideen in Schönbrunn, vorher kannte man diese „Königinnen der Pflanzen" kaum. Auch Erzherzog Maximilian Ferdinand Joseph, späterer Kaiser von Mexiko, der dort letztlich ein tragisches Ende fand, unternahm von 1859 bis 1860 eine wissenschaftliche Reise nach Brasilien. Dabei konnten zahlreiche neue Arten entdeckt werden, die teilweise nach ihm benannt wurden.

Um die Jahrhundertwende wiesen die Hofkabinette des Kaisers schließlich einen schier unermeßlichen Reichtum an exotischen Pflanzen auf. Der 1894 angeführte Pflanzenbestand betrug 1229 Gattungen mit 6880 Arten und „Spielarten" (Varietäten), das entsprach einer Vermehrung um 207

Gattungen, 878 Arten und 1063 Varietäten gegenüber der ersten Zeit unter Kaiser Franz Joseph I..

Nach dem Zerfall der Monarchie übernahmen die Bundesgärten die Betreuung dieser botanischen Sammlungen. Seither werden die Pflanzenbestände im Reservegarten Schönbrunn, im Feldgarten, in der Großen Orangerie, im Reservegarten Belvedere, besonders aber im Palmenhaus und dem dazugehörigen Sonnenuhrhaus weiterhin sorgsam und mit großem Erfolg kultiviert.

Die Brautmyrte Maria Theresias und andere historische Kostbarkeiten

Ein originelles Brautgeschenk des osmanischen Sultans für Maria Theresia

Einige Pflanzen der habsburgischen Sammelreisen konnten bis in unsere Zeit gerettet werden, was meist einer abenteuerlichen Geschichte gleicht: Zur Hochzeit von Maria Theresia 1736 wurde der Kaiserhof mit Geschenken anderer Herrscherhäuser bedacht. Darunter war ein lebendes Brautgeschenk vom osmanischen Sultan aus Konstantinopel, das eine Maultierkarawane nach Wien transportierte: Ein Myrtenbaum als Sinnbild der Liebe hat seither den Jahrhunderten getrotzt und steht heute in der Orangerie von Schönbrunn, wo er unverändert prächtig gedeiht.

Noch spektakulärer gelangten zwei weitere historische Raritäten, die „*Fockea crispa*“ und der „*Encephalartos caffer*“, nach Schönbrunn. 1785 segelten Franz Boos und Georg Scholl im Auftrag von Kaiser Joseph II. zum Kap der guten Hoffnung. Dort sollten sie auch die benachbarten Inseln, allen voran Mauritius und Reunion, erforschen und Pflanzen für Schönbrunn sammeln. 1788 brachten sie 280 Kisten mit Pflanzen auf das Kap. Während Boos mit einem spanischen Schiff nach Mauritius weiterfuhr und noch einmal 52 Kisten mit Korallen, Weichtierschalen, Schmetterlingen, Ebenholz und Mineralien sammelte, blieb Scholl auf dem Kap. Als Boos dorthin zurückkehrte, war die Fracht voller Pflanzen und Samen inzwischen so angestiegen, daß er vorerst allein den Heimweg antrat. Mit dabei waren zwei Zebras, elf Affen und 250 Vögel. Der am Kap zurück-gelassene Scholl sollte einstweilen die „Restbestände“ betreuen.

Doch erst 1794 erinnerte man sich in Wien daran, den verlassenen Gärtner nach Europa zurückkommen zu lassen und entsandte ein Schiff, das jedoch knapp vor dem Kap unterging. Insgesamt mußte Scholl 14 Jahre in Südafrika auf eine Rückfahrt warten. Endlich fand sich ein englisches Schiff, das ihn in Richtung Heimat mitnahm. Zu allem Überdruß wurde in London seine Weiterreise nach Wien behindert, bis er einen nicht unbeträchtlichen Teil seiner für Schönbrunn bestimmten Sammlung, sozusagen als „Grundausstattung“ für die Royal Kew Gardens, abgetreten hatte ...

Heute kann in Schönbrunn von seiner Sammlung noch ein großes Exemplar eines *Encephalartos* in der tropischen Süd-Abteilung des Palmenhauses bewundert werden. Von ihm stammt auch das wahre Prunkstück einer *Fockea capensis* (*Fockea crispa*). Das Seidenpflanzengewächs befindet sich derzeit im Reservegarten und soll nach beendeter Renovierung ins Sonnenuhrhaus übersiedeln. Die skurril anmutende Rarität, etwa einen halben Meter hoch, blüht nur selten und wurde in Schönbrunn schon mehrmals vegetativ, also durch Stecklinge, vermehrt.

Noch ein Bestand aus alten Zeiten befindet sich in der Mittel-Abteilung des Palmenhauses: Die hochgewachsene „Kaurifichte“, der man aufgrund ihrer blattförmigen „Nadeln” die nahe Verwandtschaft zu den Zimmertannen nicht so ohne weiteres ansieht, stammt ursprünglich aus Australien und Tasmanien.

Schließlich beherbergt die Mittel-Abteilung des Palmenhauses noch Steineiben aus der Sammlung Hügel. Sie besitzen breite, flache „Blätter“ und ihre Samen sind von einem fleischigen, farbigen „Mantel“ umschlossen. Aus derselben Sammlung stammen ebenso die Casuarinen, auch Känguruh- oder Keulenbäume genannt. Ihre rutenförmigen Äste mit quirlig angeordneten, schuppenförmigen Blättern erinnern an Schachtelhalmsprosse oder auch an die Federn des Kasuars, der auf Neuguinea und in Nordaustralien lebt.

Seit dem 18. Jahrhundert in Schönbrunn: Die Fockea crispa

Die Geschichte der Schönbrunner Orchideen-Zucht beginnt mit dem Jahr 1859. Damals verfügte man nur über zehn Orchideen-Stöcke, darunter eine 1778 direkt aus China eingeführte Art mit dem wissenschaftlichen Namen *Limodorum tankervilliae* und eine Vanille. Mit großer Wahrschein-

Nach dem Ort ihrer „Geburt“ benannt: Die Orchidee Cattleya schoenbrunnensis

lichkeit war auch eine „Tintenfisch-Orchidee“, *Epidendrum cochleatum*, dabei, die Jacquin von seiner Westindien-Expedition mitgebracht hatte.

Die Hochblüte der Schönbrunner Orchideen-Zucht war jedoch die Zeit vor dem Ersten Weltkrieg, als in der Amtsperiode von Hofgartendirektor Anton Umlauft und seinen Nachfolgern Franz August Vogel und Johann Reitmeyer die Orchideen-Sammlung großzügig erweitert wurde. Betreut von Hofobergärtner Anton Hefka, umfaßte sie laut Aufzeichnungen aus dem Jahr 1892 an die 1000 Arten, Sorten und Hybriden. Etwa 90 dieser „Schönbrunner Hybriden“ wurden von Hefka geschaffen. Leider ist von diesen Züchtungen nur eine einzige erhalten geblieben: Die *Cattleya schoenbrunnensis.* Zum Gedenken an seinen frühen Tod im Ersten Weltkrieg und seine züchterischen Leistungen wurde eine von den Bundesgärten 1985 gezüchtete Cattleya-Hybride „Anton Hefka“ benannt.

Beachtenswert sind die Neuzüchtungen, die berühmten „*Laeliocattleya schoenbrunnensis*“-Hybriden. Von ihnen gibt es zahlreiche Varietäten wie die „Erzherzog Franz Ferdinand“ in Weiß mit dunkelpurpur gestreifter Lippe und die ebenfalls weiße „Kaiserin Elisabeth“, mit hellpurpur gestreifter Lippe. Es existierte sogar ein eigenes „Cattleyen-Haus“. Aus *Laelia purpurata* und *Laelia grandis* kreuzte man die Hybride „Kaiserin Maria Theresia". Mit einer reinweiß und einer gelb-blühenden Art entstanden hell- bis dunkelrosa-farbene Kinder. Insgesamt befanden sich über 25 000 Orchideen-Töpfe in den Gewächshäusern des damaligen Reservegartens!

Ende des Zweiten Weltkrieges war auch die Orchideen-Sammlung stark beschädigt worden. Seither werden aber wieder an die 8000 blühfähige Pflanzen, darunter etwa 2500 Wildarten und 200 Hybriden, in Schönbrunn kultiviert und in einem betriebseigenen Laboratorium vermehrt. Verwendung finden die Orchideen für Ausstellungen im Palmenhaus, aber auch als Schnittblumen zur Dekoration bei Staatsbesuchen und Festakten.

Entstehungsgeschichte der Gewächshäuser

Der Wunsch der Menschen, Pflanzen vor schlechter Witterung zu schützen und zu bewahren, existierte schon in der Zeit der Antike. Die Scheiben der antiken Gewächshäuser bestanden allerdings aus dünn geschnittenen, lichtdurchlässigen Steinplatten oder eingeölten Tierhäuten und nicht aus Glas. Das in ihnen geschaffene künstliche Klima ermöglichte es, Samen auch in der Zeit ungünstiger Witterung zum Keimen zu bringen und sogar Gemüse im Winter zu ziehen.

Über Jahrhunderte hin hatten die Habsburger ein ausgesprochen „grünes Interesse". In jeder Generation gab es zumindest einen Vertreter des Kaiserhauses, der sich intensiv mit Botanik befaßte. Schon im 16. Jahrhundert ließ Kaiser Maximillian II. in den Arbeitsvertrag eines Gärtners schreiben: „ *daß er im Garten vleissig sey ound denselben aufs zierlichst, lustigste, peste ound sauberist zuerichte ound erhalte.*"

Nördlich der Alpen wurden frühzeitig verschiedene fremdländische Pflanzen kultiviert. Unter den Zitrusfrüchten waren die Zitronen immer schon die etwas robusteren, diese *„welschen Päume und Pomerantzen Khüebel"* gab es auch bei uns trotz Schnee und kalten Wintern. Sie wurden entsprechend der herrschenden Witterung entweder mit Stroh umwickelt oder von vornherein in Kübel gepflanzt. Zum Überwintern kamen sie dann in Keller oder Grotten.

Ohne die fortlaufende Sammeltätigkeit der Habsburger wäre jedenfalls die Vielfalt unserer heimatlichen Flora um einiges geringer. Diese Pflanzenwelt bedurfte zunächst in den meisten Fällen keines besonderen Schutzes für den Winter. Durch Anpassung an unser Klima entstanden mitunter auch interessante abweichende Formen. Die Natur untermauerte solcherart die Darwinsche Evolutionstheorie.

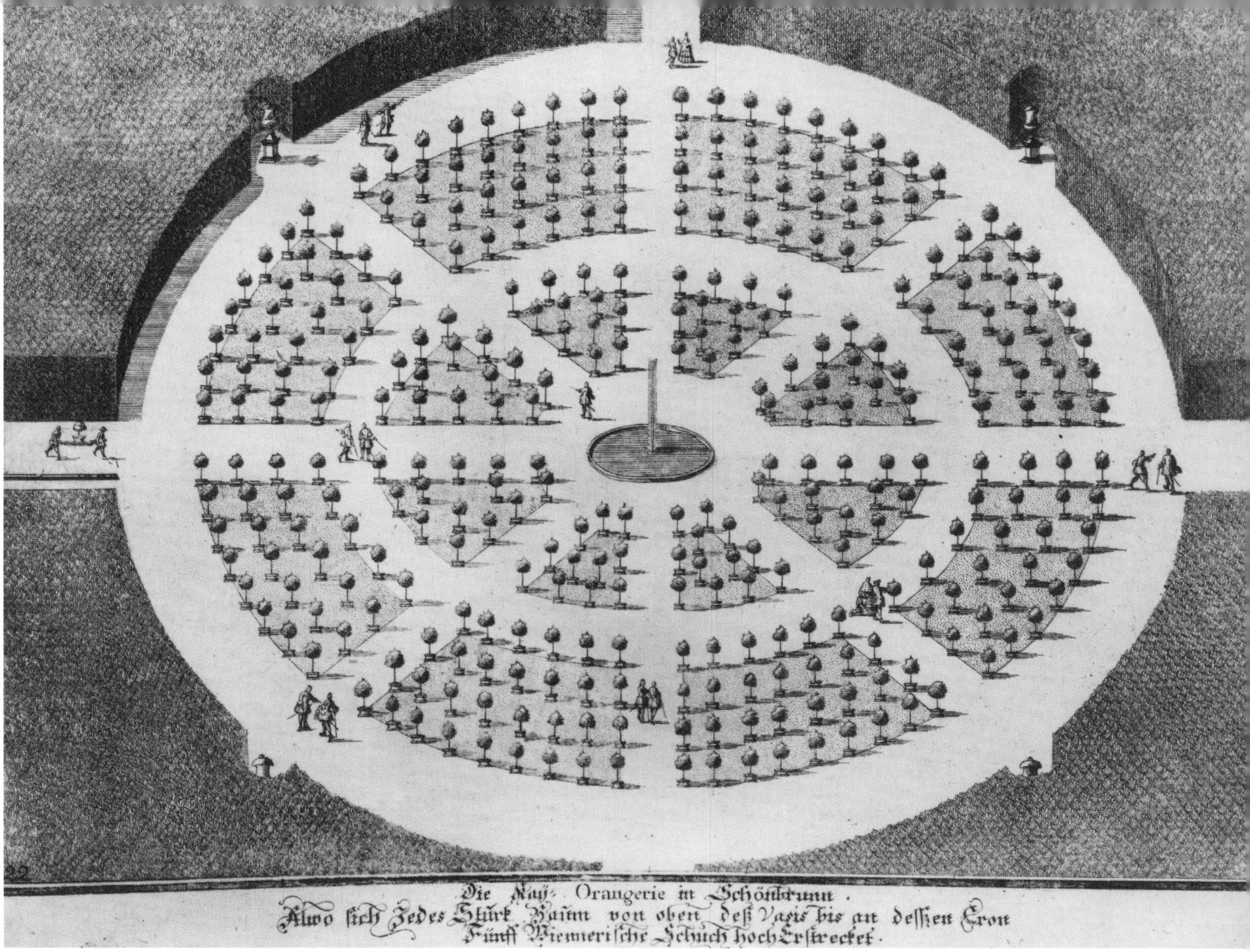

Symmetrie als Maß für Schönheit: Die Orangerie von Schönbrunn im 18. Jahrhundert

Anders war es jedoch mit Pflanzen aus wärmeren Regionen. Diese mußte man schützen und für sie ein entsprechendes Klima schaffen. Zuerst entwickelte man nur notdürftige Unterstände, und die Pflanzen wurden eher durch die Kunst der Gärtner über die Jahre erhalten. Später versuchte man dann, einen artgerechten Lebensraum zu schaffen.

Um 1700 gab es bereits einen Orangeriegarten mit beheizbaren „Glashäusern". Hofgärtner Hätzl verlangte dafür am 2. Dezember 1700 *„um 12 Claffter Brennholz zur Conservirung der Pommerantzenbaum und anderen Gewächß"*. Zu dieser Zeit gab es auch *„zwey verfaulte Gewächshäuser"*, die Karl VI. zur Unterbringung von *„Tausend Wälschen Päumen und anderen gewächsen"* erneuern ließ. Französische Gartenkünstler hatten damals im Auftrag des Monarchen mehr als 1000 Zierbäume gepflanzt.

Anfangs verwendete man sogenannte „abschlagbare Pomeranzenhäuser", das heißt, daß die frei ausgepflanzten Bäume im Winter mit einem langen Bretterschuppen überdeckt wurden. Aus Kostengründen baute man später gemauerte Häuser, wo nur die Südwand und das Dach abnehmbar waren.

Im Inneren der Gewächshäuser ...

Die „Holländischen Treibhäuser“ des 18. Jahrhunderts wurden später von den eigentlichen Orangerien abgelöst. In diesen waren alle Pflanzen in Kübel oder Kasten gesetzt, um im Sommer die barocken Gärten zu zieren. Im Winter kamen die Pflanzen dann aus den Gärten in die Orangerien zurück.

Das heute noch erhaltene Orangeriegebäude in Schönbrunn wurde Mitte des 18. Jahrhunderts von den Architekten Pacassi und Jadot entworfen. Es ist kaum zu glauben, aber die Orangerie ist länger als das eigentliche Prunkgebäude selbst! Seine technische Ausstattung war für die damalige Zeit sensationell, gab es doch bereits eine Fußbodenheizung (Hypokaustenheizung), die mit Holz aus dem Schloßpark befeuert wurde und heute mit moderner Fernwärme betrieben wird. Die Wärmekanäle waren mit eisernen Wegplatten abgedeckt. Der Fußboden selbst bestand aus wärmespeichernden Ziegeln. Im Winter wurden Temperaturen von + 10 bis + 15° C erreicht. An das Hauptgebäude der Orangerie schließt sich im Osten das halbzirkelförmige Obstzimmer und das sogenannte „Cedrathaus“ an. Es sollte die empfindlichsten Pflanzen aufnehmen und den freien Orangengarten vor den kalten Ostwinden schützen. Heute enthält die Orangerie etwa 800 Bäume, darunter etliche beeindruckende Zitrusgewächse.

Das Gebäude wurde ursprünglich nicht nur als Gewächshaus benützt, es diente gleichzeitig auch als Repräsentationsraum für große höfische Feste. Bei derartigen Veranstaltungen mußte natürlich zusätzlich geheizt werden. Den Pflanzen behagte jedoch die ungewohnte Wärme wohl weit weniger als den feudalen Gästen. Josef II. lud häufig zum Feiern ein. Einer seiner Gäste beschrieb das Spektakel folgendermaßen: *„Die Blumen aller Himmelstriche und aller Jahreszeiten dufteten hier im strengsten Winter auf einer prächtigen Tafel. Ringsumher standen Pomeranzen und Zitronenbäume. Nach der Tafel gab es Schauspiel und Ball in diesem blühenden Wintersaale“.*

... konnte man das Fernweh stillen

Nach einer Renovierung dient die Orangerie in den Sommermonaten auch heute wieder gesellschaftlichen Veranstaltungen.

Um Nachschub für ihre Pflanzensammlung zu bekommen, entsandten die Habsburger schon früh eigene Botaniker nach Süd- und Nordamerika, aber auch nach Afrika. Zunächst wurden die neu erworbenen Pflanzen in Erweiterungen der bestehenden Häuser untergebracht. Um 1788 errichtete man bereits neben den 14 Treibhäusern weitere neue Gewächshäuser.

Nach den vorwiegend „welschen Päumen“ hielten dann schließlich im 18. Jahrhundert auch exotische Pflanzen der Tropen, Kapgewächse, westindische Pflanzen und Palmen Einzug in diese Unterkünfte. Die Aufnahme dieser Pflanzen erfolgte zusammen mit einem allgemeinen Hang zur Exotik in der Kunst und im Hofleben.

Im 18. Jahrhundert gab es erstmals auch schon Glashäuser, deren Konstruktion aber noch aus Holz war. Der große Unterschied zu den Orangerien war, daß sie nicht mehr für Festlichkeiten verwendet wurden. Es handelte sich um reine Zweckbauten und sie dienten nur zur Überwinterung empfindlicher Pflanzen. Außer diesen Glashäusern standen in den botanischen Gärten auch verglaste Treibbeete.

1828 wurde mit dem Bau des alten Palmenhauses an der heutigen Maxingstraße begonnen. Dieses Gewächshaus war ein gemauertes Gebäude mit erhöhtem Mitteltrakt und einer nach Osten ausgerichteten Glasfläche. Es war der damaligen Zeit entsprechend ein reiner Zweckbau mit wenigen Glasflächen. Allein durch den geringeren Lichteinfall war es sicherlich viel schwieriger als heute, die wertvollen Pflanzen fachgerecht zu pflegen. Nach einigen Umbauten kamen 1889 zwei Volieren für exotische Vögel dazu. Etwa 1920, nachdem es längst ausgedient hatte, wurde die Glasfront durch Mauerwerk ersetzt. Nun war es kaum noch als ehemaliges Gewächshaus zu erkennen und dient seither als Filmstudio.

Träumt wieder besseren Zeiten entgegen: Das alte Palmenhaus

Das gemauerte Palmenhaus hatte sich als Gewächshaus nicht sehr lange bewährt, so ließ man nach besseren Techniken, die man besonders in England fand, Ausschau halten. Bei der Wiener Weltausstellung machte man sich das Interesse an Gewächshäusern aus Glas und Eisen zunutze und stellte ein aus Eisen konstruiertes „Palmenhaus" von ca.15 Metern Höhe vor.

Kurz darauf erteilte dann der Kaiser seinem universell gebildeten Hofarchitekten und Brückenbauexperten Franz-Xaver von Segenschmid den Auftrag zur Planung und Bauleitung eines neuen Schönbrunner Pflanzenhauses. Trotz des bereits damals denkmalgeschützen „Holländischen Gartens", auf dessen Grund der Bau erfolgen sollte, setzte der Kaiser gegen alle Widerstände sein neues Bauvorhaben durch.

JG. GRIDLs K. K. Hof-Eisenconstructions-Werkstätte Schlosserei, und B
PALMENHAUS AUSGEFÜHRT IN Sr MAJESTÄT LUSTSC

Das Schönbrunner Palmenhaus

Architektur und Bepflanzung

Am 19. Juni 1882 eröffnete Kaiser Franz Joseph das neue Palmenhaus. In einer Rekordzeit von nur zwei Jahren war es errichtet worden. Vollständig bepflanzt wurde das Haus aber erst 1883. Die Fertigstellung des Baus in so kurzer Zeit stellte vor allem aufgrund der Größe des Glaspalastes eine einmalige Leistung dar. Zusammen mit Royal Kew Gardens in London und dem Tropenhaus in Frankfurt gehört es auch heute noch zu den größten Gewächshäusern der Welt.

Nach den Plänen von Hofarchitekt Segenschmid führte der Hofschlosser und Eisenkonstrukteur Ignaz Gridl den Bau durch. Für die Statik zeichnete Sigmund Waagner verantwortlich, dessen Nachfolgefirma Waagner-Biró von 1986 bis 1990 auch für die Renovierung des Hauses zuständig sein sollte.

Für die kühne Konstruktion wurden rund 600 Tonnen Schmiedeeisen und etwa 120 Tonnen Gußeisen verwendet. Die aus Schmiedeeisen bestehende außenliegende Konstruktion ruht auf gußeisernen Säulen und Bögen. Diese Tragekonstruktion ist deshalb so spektakulär, weil die zierlichen Scheiben vom Tragegerüst nach innen hängen. Dadurch erzielte man ein graziles Aussehen des an sich mächtigen Baues. Auch die dachziegelartige Anordnung der Glasscheiben verleiht dem Haus noch eine zusätzliche optische „Rundung".

Der Bau hat eine Länge von 113 Metern und ist 29 Meter breit. An seiner höchsten Stelle erreicht er eine Höhe von 25 Metern. Die Grundfläche sowie die gesamte Glasfläche der 45 000 schuppenförmig angeordneten Glasscheiben ergeben jeweils eine Gesamtfläche von fast 2500 m^2. Das Gewicht der ganzen Anlage – ausgenommen die Heizung – betrug etwa 720 Tonnen. Ein erhöhter Mittelbau über rechteckigem Grundriß, das eigentliche Palmenhaus, ist durch Seitenteile mit Eckpavillons, dem Warm- und Kalthaus, über jeweils quadratische Grundrisse verbunden.

Die drei Abteilungen trennte damals eine mobile Glaswand. Die gekurvten Formen der pflanzlichen Motive in den Bogengitterträgern

Rankenwerk aus Stahl

waren nur in Stahl verwirklichbar. Die in den Zwischenrippen eingesetzten Glasflächen ergeben ein Hülle, die das gesamte Gebäude überzieht. Die genieteten Gitterträger münden bei den pavillonartigen Ausbauten in Kastenträger, die von gußeiserenen Stützen getragen werden. Darüber befindet sich das senkrechte Säulen-Bogen-Ständerwerk, das die Kuppelkonstruktionen hält, die von Laternen mit hohen Glaskörpern und Satteldächern abgeschlossen werden. Das aus schuppenförmig gelegten Scheiben bestehende Glasgewölbe ist zweischalig. Der Bau ist durch zahlreiche Treppen und Galerien von innen und außen begehbar und war durch bewegliche Öffnungen variabel zu belüften.

Eine an Blätter erinnernde, schuppenförmig geschwungene Eisenkonstruktion bestimmt die Ästhetik des Gebäudes. Stilgeschichtlich führt das Haus – wie oft im späten 19. Jahrhundert – auf Vergangenes zurück und beschwört gotische, barocke, aber auch antike Ausdrucksformen. Doch die zukunftsweisende Materialkombination aus Eisen und Glas und die dadurch ermöglichten baulichen Verzierungen im Geist des Jugendstils machen es wohl immer noch zu einem modern anmutenden Gebäude.

Kurz nach seiner Eröffnung konnte man bald in allen Zeitungen über die architektonische Sensation lesen. Dabei sparten die Medien auch damals nicht mit ätzender Kritik und die „Wiener Illustrierte Gartenzeitung" schrieb:

„Nach einem ersten Rundgang durch das k.k. Schmuckstück, das sich die hohen Habsburger für 100.000 Gulden geleistet haben, kann man folgendes feststellen: Der ganze Bau, aus hervorragendem heimischen Eisen und Glas zusammengesetzt, scheint nur in einigen Theilen etwas zu massiv ausgefallen zu sein. Er erinnert mit seinen drei Kuppeln an eine zu schön geratene Bahnhofshalle."

Andere Stimmen schwelgten jedoch
in hymnischer Lyrik:

„Wie lieb ich euch Dächer, o gläserne Hülle,
Ihr berget des Erdenrunds Vielfalt und Fülle.
Gebt Obdach dem frierenden Immergrün.
Erkühnet zur Blüte den weißen Jasmin.
Und macht uns mit listiger Wärme bereit
Der Ananas duftende Köstlichkeit.“

Schöpfungen des Architekten wetteifern mit der Natur

Mit der gärtnerischen Ausgestaltung des Palmenhauses war der damalige k.k. Hofgarten-Inspektor Adolf Vetter betraut. Im August 1882 wurde mit der Übersiedlung der Pflanzen aus den jeweiligen Kulturhäusern begonnen. Im März 1883 war sie im wesentlichen vollendet.

Dabei gab es eine Unzahl von Problemen. Beispielsweise waren die Stämme, an denen die Aronstabgewächse emporrankten, abgefault. Auch die meisten Kübel der großen Palmen waren schadhaft und mußten ausgetauscht werden.

Allein die Vorbereitungen für den Transport der höchsten Palme, einer chinesischen Livistona, dauerten zwei Jahre. Im alten Haus war diese riesige Palme in den Grund gepflanzt gewesen. Nun setzte man sie provisorisch in einen Kübel, denn sie mußte neuerlich einen festen Wurzelballen bilden. Auf Walzen wurde der Koloß in seinem riesigen Kübel langsam fortbewegt und zum neuen Haus befördert. Dort richteten sie die Gärtner und ihre Helfer dann mit Hilfe eines riesigen Flaschenzuges wieder auf.

Nach der schwierigen Übersiedlung der Pflanzen lag es an der Kunst der Gärtner, das Gebäude in eine exotische Landschaft zu verwandeln. E. M. Kronfeld veröffentlichte in der Zeitschrift „Wiener Bilder“ seinen Eindruck der damaligen Schönbrunner Palmenwelt:

Die erste Abteilung des Palmenhauses ist der Schauplatz der temporären Blumenausstellungen. Azaleen blühen in den entzückendsten Farben, die die Pracht des Himalaya wiedergeben. Von Weiß bis zum dunklen Rosa der japanischen Sorten. Ganze verschwenderische Blütenkissen bilden die blühenden Azaleen, während die nachbarlichen Amaryllis an jedem Stock nur einige wenige, aber noch prachtvollere Blüten zeigen. Hier empfiehlt sich der Gelbholzbaum (Xanthoxylon), die echte Dattelpalme, ein ehrwürdig alter Kaktus und ein sehr gut erhaltener Baumfarn vom Kap (Todea barbara), dessen Alter auf mehrere hundert Jahre veranschlagt wird, dann die japanische Palme Rhapis flabelliformis der allgemeinen Aufmerksamkeit. Der Mode Rechnung tragend wurde jüngst auch eine Sonderausstellung der vielgestaltigen Kakteen in der ersten Abteilung veranstaltet.

Durch das ewige Paradies der Blumen kommen wir in die mittlere Abteilung, die den Palmen eine wahrhaft fürstliche Heimstätte gewährt. Rings um die Palmengruppe sowie in der Aroideen-Abteilung sind zeitweise Orchideen-Juwele zur Schau geboten. Mit gleichem Entzücken wird man immer wieder die märchenhaftesten der an Farbe und Form so vielgestaltigen Blumen bewundern. Raketen von Blüten, deren jede dem Schmuckkästchen einer Fee entnommen zu sein scheint, steigen von der einen Pflanze auf; die benachbarte weist nur einige wenige, aber unsagbar schöne Blumensterne auf. Ein Nahrungs- und Arzneimittellieferant ist der hier so gut entwickelte Melonenbaum

JG. GRIDL, K.K.Hof-Eisenconstructions-Werkstätte, Schlosserei und Brückenbau-Anstalt, WIEN.

PALMENHAUS ausgeführt in Sr MAJESTÄT LUSTSCHLOSS SCHÖNBRUNN.

Bepflanzung der temperierten Mittelabteilung

der Tropen, der in Wien 13, seine Früchte – unter Glas – völlig ausreifen lässt. Der Milchsaft dieser essbaren Früchte macht das zäheste Fleisch mürbe und enthält ein Medikament gegen Diphteritis und Dyspepsie.

Wahrhaft ‚königlich' erhebt die Maximiliana regia ihr Palmenhaupt; sie ist nach Mexicos unglücklichem Max benannt, der ein passionierter Botaniker und Forschungsreisender war und an den auch die mächtige Xanthosoma Maximiliana der dritten und wärmsten Abteilung erinnert.

Mannigfache epiphytische Gewächse, Bromelien und Orchideen, gedeihen hier, so daß die merkwürdige Wachstumsweise dieser eigentlichen ‚Kinder der Luft' bequem beobachtet werden kann.

Orangen- und Zitronenbäume, Kaffesträucher, Pfeffer, Tee- und Zimtsträucher, die Pflanze die das Kokain liefert, Zuckerrohr, die Pfeilgiftpflanze, der Kapernstrauch, Mahagoni und andere Edelholzbäume vervollständigen den märchenhaften Eindruck des Raumes, in dem die brasilianische Brownea ariza, einer der schönstblühenden Bäume der Welt, ihre leuchtenden roten Blütenkugeln entwickelt."

Baumförmiger Konstruktionspfeiler

Aus heutiger Sicht ist es überaus erstaunlich, wie es damals möglich war, solch ideale Lebensbedingungen für die empfindlichen exotischen Gewächse zu schaffen. Die benötigte Wärme dafür kam damals aus dem Tiergarten. Die Heizanlage befand sich im ehemaligen „Elefantenhof". Dieser Energieverbund mit dem Tiergarten konnte in früheren Jahren auch zu Problemen führen. Wenn im Tiergarten die Krokodile und Schlangen gebadet wurden, mußte stärker geheizt werden, daher wurde es zu diesen Zeiten oft schnell zu heiß für die Pflanzen, da die Rohre der Wärmeversorgung durch das Palmenhaus in den Tiergarten führten. Und auch bis in die jüngste Zeit konnte es noch geschehen, daß sich durch das Leitungsnetz eine Duftnote aus dem Elefantenhaus ins Palmenhaus einschlich ...

Mit Baubeginn eines weiteren, jedoch kleineren Gewächshauses, dem Sonnenuhrhaus, wurde 1904 die Heizanlage an die Maxingstraße hinter dasselbe verlegt. Der hohe Schornstein der Anlage hatte zwar die Abgase über Wohnbereiche hinweggeleitet, aber wegen der vorherrschenden Westwinde meist direkt auf das Palmenhaus zu. Eine beträchtliche Verschmutzung der strahlenden Glashaut des Hauses war die Folge. Die Glasflächen mußten händisch gereinigt werden, was anfangs die Aufgabe von eigens dafür abkommandierten Seekadetten war, die ja leider heute nicht mehr zur Verfügung stehen ...

Von Beginn an hatte der ehemalige Hofgärtner H. Nettlau auf die Schwierigkeiten der gärtnerischen Gestaltung des Glashauses durch die Anlage der Heizkanäle, die die Bodenfläche mittels eines strengen geometrischen Rasters unterteilten, hingewiesen. Denn diese ursprünglich installierte Wasserdampf-Heizung, die durch Braunkohlenfeuerung heißen Dampf erzeugte, zerstörte fallweise auch die Wurzeln so mancher schönen Pflanze.

Bei richtiger Beheizung war es allerdings möglich, die Pflanzenschätze aus tropischen Ländern zum Blühen und Gedeihen zu bringen. Die Dreiteilung des Baues folgte den ökologischen Ansprüchen der auszustellenden Gewächse und ermöglichte dem Besucher, durch drei Klimabereiche zu wandern. Nach wie vor führt sie vom nördlich gelegenen „Kalthaus" zum mittleren „Palmenhaus" bis zum „Tropenhaus" im Süden.

In der Nordabteilung, wo sich der ehemalige Besuchereingang befand, empfing den Besucher die Kühle der höher gelegenen Berg- und Nebelwälder mit Gewächsen aus dem Himalaya, aus China und Japan. Hier konnte man Azaleen, Orangen- und Zitronenbäume bewundern. In der Mitte der Abteilung, genau unter der Kuppel, befand sich eine Araukarie (Zimmertanne), die ursprünglich dem Baron Hügel und

Pflanzen und Glaskonstruktion schwingen im Gleichklang

Nächtliche Festbeleuchtung

später dem Fürsten Schwarzenberg gehörte. Rundherum gruppierte man Kamelien, Azaleen, Eriken, Primeln und einige Zwiebelgewächse. Weiters waren verschiedene Koniferen, Baumfarne, Akazien und Proteusgewächse zu sehen.

Im Mittelteil – dem größten Gebäudeteil – standen die Palmen, Palmfarne und Baumfarne. Durch ihre imposante Höhe dominierten sie den Raum. Besuchern war es erlaubt, die Wendeltreppen hochzusteigen und den ungewöhnlichen Anblick aus der Vogelperspektive zu genießen. Dies war eine seltene Gelegenheit, besonders für Fotografen, gab es doch in ganz Mitteleuropa damals kein ähnliches Haus.

Im südlichen Flügel stiegen die Temperaturen auf tropische Grade. Mit Schraubenpalmen, verschiedenen Farnen und vor allem den Aronstabgewächsen, die fast alle von der Expedition Heinrich Schotts stammten, wurde eine Tropenwelt geschaffen. Seine Pflanzen fanden hier ideale Bedingungen und gaben dieser Abteilung ihr besonderes Gepräge. Aber auch die tropischen Obstbäume, genußmittel- und gewürzliefernde Pflanzen sowie verschiedenste „Blattpflanzen“ schmückten den südlichen Teil.

Das Palmenhaus im 20. Jahrhundert

Im Lauf der Jahrzehnte wurde die Ursprungsbepflanzung des Hauses mehrmals geändert. Nach der letzten Generalsanierung entschied man jedoch, die Anordnung der Pflanzen wieder in Anlehnung an die ursprüngliche Erstbepflanzung des Schauhauses durchzuführen.

In den Jahren dazwischen lagen mit dem Untergang der Monarchie zwei Weltkriege, die die politische und wirtschaftliche Position Österreichs grundlegend veränderten.

Aus den k.u.k. Hofgärten sind nach dem ersten Weltkrieg die Bundesgärten hervorgegangen, für die auch heute noch die österreichische Bundesregierung zuständig ist.

Das Palmenhaus mit seinen tropischen Schätzen war im letzten Jahrhundert wiederholte Male in großer Gefahr. Während des ersten Weltkriegs hatte man in der Not der Zeit die Schönbrunner Gartenanlagen und auch das Palmenhaus zum Anbau von Gemüse benutzt und sogar Schulkinder ausgeschickt, Unkraut zu jäten und die Erde zu lockern. Nach einer ersten

Bis ins letzte Detail vom Architekten durchdacht

Spuren des Zweiten Weltkriegs

Reparaturphase zwischen 1914 und 1915 konnte man noch während des Krieges das Haus wieder öffentlich besuchen. Die damals in Wien zahlreichen Möglichkeiten, tropische Pflanzen auch in Privathäusern zu bewundern, waren inzwischen um einiges geringer geworden. Und so wurde die Wiedereröffnung des Palmenhauses auch damit begründet, daß *„weder auf der Hohen Warte bei Rothschild noch in der Österreichischen Gartenbaugesellschaft eine Ausstellung zu erwarten"* war.

Das Haus selbst war im Krieg intakt geblieben und bot auch in der Zwischenkriegszeit wieder Besuchern einen Einblick in die tropische Welt. Aus Mangel an männlichen Arbeitskräften entschied man sich schon 1915 zur Aufnahme von weiblichen Gartenhilfskräften und einer Sekretärin für den Kanzleidienst. Aus den Einnahmen der Eintrittskarten konnte dem Unterstützungsfond für *„Notleidende Gärtner und deren Witwen"* ein Beitrag geleistet werden. Das Haus war selbst aber auch zum Sparen gezwungen, deshalb wurde der Besuch von Schulklassen im Winter 1923 nicht gestattet. Denn es hieß, daß *„durch das Öffnen der Türen zu viel Wärme verloren geht und dadurch die Pflanzen geschädigt werden könnten."*

Von den politischen Spannungen der Zwischenkriegsjahre waren auch die Mitarbeiter des Palmenhauses nicht verschont geblieben. Die Kündigung eines Gärtners wegen seiner politischen Überzeugungen zeigt, daß die *„Verfechter sozialdemokatischer Grundsätze"* damals damit rechnen mußten, ihre Arbeit zu verlieren.

Nach dem zweiten Weltkrieg allerdings lagen sämtliche Landschaftskulturen von Wien brach. Schloß Schönbrunn, der Park und auch das Palmenhaus waren stark beschädigt. Die meisten der pflanzlichen Kostbarkeiten wurden in Mitleidenschaft gezogen, als am 21. Februar 1945 bei zwei Angriffen mehr als 200 Bomben auf das Schloß- und Parkgebiet von Schönbrunn fielen. Durch den Einschlag der Bomben war die Glaskonstruktion des Palmenhauses völlig zerstört worden.

Der Glaspalast war „zum eisernen Skelett" verwandelt, in dem abgestorbene Blattwedel von den übrig gebliebenen Palmen hingen. Einige wertvolle Exemplare konnten glücklicherweise vor dem damals herrschenden

Frost gerettet werden. Die Wärme, die für die empfindsamen, exotischen Exemplare lebenswichtig gewesen wäre, konnte nicht mehr bereitgestellt werden, denn die Heizungsanlage des Palmenhauses war vollkommen lahmgelegt. Heizen war somit unmöglich und wäre aufgrund der zerstörten Glashülle auch sinnlos geworden.

Bemühungen, die von Bomben- und Glassplittern verschont gebliebenen Pflanzen mit Strohmatten vor der Kälte von etwa – 7° C zu schützen, blieben zum größten Teil erfolglos. Wassermangel machte die Versorgung der Gewächse in ihren Ersatzquartieren zusätzlich schwierig. Gleichzeitig mit dem Schloß und dem Palmenhaus waren auch die Kulturhäuser des Reservegartens und das Sonnenuhrhaus beschädigt worden.

Nur wenige, widerstandsfähigere Gewächse überdauerten unter diesen Bedingungen.

Mit dem Wiederaufbau des Palmenhauses konnte erst 1948 begonnen werden. Im Zuge der Renovierung wurden schließlich trotz der mangelhaften Materialbestände unvorstellbare fünf Waggonladungen – rund 55 Tonnen – Kitt zum Einsetzen der 45 000 Glasscheiben benötigt. Obwohl die Rostschäden an der Konstruktion unbehandelt bleiben mußten, brauchte man dennoch rund 35 Tonnen Eisen. Die Arbeiten dafür wurden in 10 000 Arbeitsschichten durchgeführt und kosteten etwa fünf Millionen Schilling.

Bereits Monate vor der eigentlichen Wiedereröffnung war mit dem Ausbau des Pflanzensortiments und der Vermehrung der erhaltenen Bestände begonnen worden. Nur so war es möglich, bei der Wiedereröffnung des Schauhauses genügend Gewächse zur Verfügung zu stellen. Unter den geretteten befanden sich mehrere Baum- und Palmfarne aus Neuseeland sowie Malvengewächse und ein Moschusbaum aus den tropischen Wäldern Südamerikas. Auch ein *Ficus religiosa*, der bekannte buddhistische Tempelbaum, hatte ebenso wie die Eselsfeige oder Sykomore die Zerstörung des Hauses überstanden.

Mit der gärtnerischen Ausschmückung der drei Glashallen wurde bereits im Oktober 1952, noch vor der vollständigen Fertigstellung des Gewächshauses, begonnen. Dann, mitten im Winter, am 14. Jänner 1953, wurde das Palmenhaus wieder feierlich seiner Bestimmung übergeben. Dabei achtete man darauf, mehr Abwechslung in die Raumgestaltung zu bringen. So wurde die Anlage der Wege, die dem Besucher das Betrachten der Pflanzen, aber auch einen Spaziergang durch das Haus ermöglichen, verändert. Mehr als früher sollte der Eindruck eines undurchdringlichen Urwaldes erweckt werden. Hatten vorher mächtige Palmen dominiert, so wurden nun rascher wachsende Aronstabgewächse wie Philodendron und Monstera und etliche Gummibäume gesetzt. Dazu kamen imposante Gruppen von tropischen Farnen und Schraubenbäumen (*Pandanus*) und als besondere Schönbrunner Spezialität die mexikanische Bergpalme (*Chamaedorea*), die in mehreren Arten wie in ihrer Heimat das Unterholz bildete.

Zur Auffüllung der Grundbeete waren 900 Kubikmeter Erde notwendig. Die Anordnung der drei Abteilungen orientierte sich wieder an der ursprünglichen. Doch lassen alte Aufnahmen erkennen, daß diese zweite Bepflanzung noch üppiger als die erste war. Für mehr als zwei Jahrzehnte konnten die Besucher dann wieder die Pracht des Hauses genießen.

Bis nach dem Einsturz der Wiener Reichsbrücke am 1. August 1976 plötzlich Zweifel an dem einst so gepriesenen „heimischen Eisen" aufkamen. Das Unglück hatte zur Folge, daß sämtliche Brücken und auch weitere Eisenkonstruktionen auf ihre Tragfähigkeit und ihren Gesamtzustand überprüft wurden. Beim Palmenhaus führte die Kontrolle der Eisen- und Stahl-Konstruktion zu erschreckenden Ergebnissen. Deshalb entschloß man sich aufgrund der starken Rostschäden am gesamten Gebäude noch im November desselben Jahres, das Haus für die Öffentlichkeit zu sperren. Der schlechte Zustand des Bauwerkes und die Möglichkeit des Glasbruches stellten eine große Gefahr gleichermaßen für Besucher und Gärtner dar. Nach der Schließung durften nur mehr die Gärtner, durch Helme geschützt, den rostenden Glaspalast betreten.

Aber auch die durch Verschmutzung äußerst geringe Lichtdurchlässigkeit war mit ein Grund für die vorläufige Sperre des Schönbrunner Palmenhauses, die jedoch maßgeblich zur Rettung des Hauses beitragen sollte.

Es dauerte allerdings zehn Jahre, bis man sich auf die Art der Sanierung und vor allem auf das Prinzip der Verglasung des Palmenhauses einigen konnte. Das unter Denkmalschutz gestellte Gebäude ließ keine architektonischenVeränderungen zu. Am 12. Mai 1986 wurde dann endlich mit den Renovierungsarbeiten begonnen.

Die große Renovierung und Neubepflanzung von 1990

Im Frühjahr 1986 setzten also die Arbeiten an der Tragkonstruktion, Verglasung und Haustechnik ein. Sie wurden jeweils von Mai bis Oktober durchgeführt, denn während der Renovierung mußte das Palmenhaus gleichzeitig auch als Winterquartier für seine Pflanzenbewohner dienen. Der rostigen Konstruktion des Hauses konnte erst zu Leibe gerückt werden,

Die Übersiedlung der Kanarendattelpalme, eine technische Meisterleistung

nachdem die Kanarendattelpalme aus der Kalthausabteilung in die große temperierte Abteilung zu den beiden anderen riesigen Palmen übersiedelt worden war – eine technische Meisterleistung. Nach Angaben des Generalunternehmens der Renovierung hatte dieser Palmenriese ein Gewicht von enormen acht Tonnen. Durch ein starkes Holzgerüst wurden die drei Palmen, die im Hause verbleiben mußten, gemeinsam geschützt.

Die Instandsetzungsarbeiten umfaßten sechs Bauabschnitte. Begonnen wurde mit der kompletten Entfernung der Verglasung und aller eisernen Glashaltesprossen. Das Haupttragewerk wurde mithilfe von Sandstrahlung entrostet, stark angegriffene Stahlteile mußten sogar ausgetauscht werden. Nach dem Auftragen von Rostschutz- und Farbanstrichen wurde die Kuppel entsprechend dem ursprünglichen Aussehen mit Isolierglas wieder doppelschalig eingedeckt. Das Engagement zweier junger Schweizer Architekturstudenten hatte dazu geführt, daß trotz erheblicher Mehrkosten das Palmenhaus wie zuvor mit Glasschindeln anstelle von kostengünstigeren Plexiglaselementen gedeckt wurde.

Ende Oktober des ersten Arbeitsjahres, nachdem die Kuppel restauriert und gereinigt war, wurde die Abteilung noch vor dem Einbruch des ersten Frostes wieder an die Gärtner übergeben. Dicht gedrängt überwinterten die Schätze des Hauses im renovierten, nun wieder lichtdurchfluteten, neuen Teil.

Nachdem auch die beiden kleineren Kuppeln saniert waren, begannen im Inneren des Gebäudes die Ein- und Umbauten. Der Eingangsbereich des Palmenhauses wurde an die Westseite der großen Mittelabteilung verlegt und mit einem Kassagebäude versehen. Außerdem gibt es hier beim Eingang zur Kalthausabteilung seit der Renovierung einen Bereich für Sonderschauen, wie etwa mit fleischfressenden Pflanzen, Orchideen oder Palmfarnen.

Die Wiedereröffnung war für das Jahr 1992 geplant gewesen. Milde Wintermonate ermöglichten trotz großer Finanzierungsprobleme, daß das Haus bereits zwei Jahre früher fertiggestellt war. Nach insgesamt 14 Jahren Schließung konnten am 30. November 1990 die ersten Besucher das Palmenhaus wieder betreten.

Die meisten Verbesserungs- und Modernisierungswünsche der Gärtner waren durchaus erfüllt worden. Dazu zählt die Schattierung, die zuvor in zeitraubender Arbeit händisch erledigt wurde und nun auf Knopfdruck funktioniert. Für die Haustechnik wurde ein großer Kellerbereich in der mittleren Abteilung geschaffen, wo auch die Gießwasseraufbereitungsanlage

Bei der großen Generalsanierung

untergebracht ist. In zwei großen Zisternen wird das Regenwasser über das Glasdach und das Traufenpflaster eingeleitet, jede Zisterne faßt 120 000 Liter Regenwasser. Wenn es verbraucht – oder besser gesagt – vergossen ist, muß mit Trinkwasser das Auslangen gefunden werden, was allerdings den empfindsamen Pflanzen nicht sehr bekömmlich ist. Zum besseren Gedeihen würden sie stets Regenwasser benötigen, obwohl auch dessen Qualität durch die Umweltbelastung längst nicht mehr einwandfrei ist.

Zur optimalen Betreuung von Pflanzen gehört auch eine entsprechend hohe Luftfeuchtigkeit. Im Zuge der Renovierungsarbeiten wurde eine Nebelsprühanlage im Palmenhaus eingebaut. Mittels Zeitschaltuhr oder durch manuellen Betrieb kann in der tropischen Abteilung bis zu 90 Prozent relative Luftfeuchtigkeit erreicht werden. Um der Eisenkonstruktion nicht zu sehr zu schaden, wird durch Belüften der Abteilungen dem Verrosten gegengesteuert.

Auch die Beheizung wurde dem moderneren und umweltfreundlicheren Standard des ausgehenden 20. Jahrhunderts angepaßt. Die Regelung der gewünschten Temperatur erfolgt vollautomatisch, rund um die Uhr ist jedoch ein Gebrechendienst erreichbar, der, sobald die Temperatur unter ein vorgegebenes Minimum fällt, durch eine automatische Warnanlage verständigt wird.

Im Zuge der Restaurierung wurde auch eine computergesteuerte Klimaregulierung mit blinkenden Kontrolleuchten und Kesseln eingebaut. In einigen Bereichen der zweiten und dritten Abteilung, beispielsweise bei der wärmeliebenden Kokospalme, wurden Vegetationsheizungen – ähnlich der ursprünglichen Fußbodenheizung – gelegt. Diese helfen besonders empfindlichen Pflanzen, kühle Jahreszeiten besser zu überstehen, da sie ja frei in den Grund gepflanzt sind und somit die Bodenkälte zu spüren bekommen.

Die Arbeiten zur Sanierung am Palmenhaus – von den Wienern großteils unbeachtet – wurden von der Arbeitsgruppe unter der Leitung der Firma Waagner-Biró sorgfältig dokumentiert.

Eine völlig andere Darstellung der Renovierung des Palmenhauses zeigt die des Malers Günter Fritsch. Ihm ist zu verdanken, daß die Jahre der Restaurierung auch aus einem künstlerischen Blickwinkel her festgehalten wurden. Der Maler hat in einem Bilderzyklus die Vorgänge wiedergegeben und auch schriftlich formuliert:

„Für den Maler eröffnet das Gewächshaus eine neue Dimension des Lichtes, die es unter freiem Himmel nicht gibt. Für ihn gilt es, eine Welt mit ihren eigenen Möglichkeiten und Grenzen zu erschließen. Das Licht, wie hell es auch sein mag, blendet und zerstört nicht, es taucht die Konstruktion des Hauses mit seinen Pflanzen in jene magische Traumwelt, die wir nur von tropischen Wäldern her kennen. Die Veränderungen im Palmenhaus, bedingt durch die stän-

Mit den Augen des Künstlers gesehen

dig wechselnden Lichtverhältnisse und die Renovierungsarbeiten in den Jahren 1984 bis 1990, inspirierten mich, das Palmenhaus zu malen.

In der heutigen Zeit der Umweltbelastung, die das Aussterben vieler Pflanzenarten verschuldet hat, hat das Gewächshaus eine neue Dimension erhalten. Es ist zu einem Museumsgarten unserer bedrohten Natur geworden."

Nach insgesamt vier Jahren der Renovierung fand dann am 18. Mai 1990 die feierliche Übergabe des Palmenhauses Schönbrunn durch die Baufirmen an die Auftraggeber statt. Am Abend des 18. u. 19. Mai erstrahlte der Glaspalast im Lichterglanz heller Scheinwerfer. Man wollte das Ereignis gebührend feiern und hatte beschlossen, vor der Übersiedlung der Pflanzen durch den Einbau eines Holzbodens für zwei kurze Tage den Glaspalast in ein Tanzparkett zu verwandeln. Im fast leerstehenden, nur mit drei riesigen Palmen bestückten Haus wurde also zwei Nächte lang – so festlich wie einst in der Orangerie zur Zeit der Habsburger-Monarchie – getanzt:

„*Bevor Humus in das Haus eingefüllt und die Tropenflora eingepflanzt wird, zieht man vorübergehend – wie könnte es in Wien anders sein – einen Tanzboden ein. Bereits am Abend des offiziellen Bauabschlusses findet ein ‚Nostalgie-Ball' statt. Prominenz aus Politik und Wirtschaft hüllen sich für eine Nacht voller Glückseligkeit – nach Wiener Tradition – mit Tanzmusik ein.*" hieß es in der Presseaussendung der Palmenhausverwaltung.

Unmittelbar nach diesen abendlichen Veranstaltungen wurde unter der Südkuppel der tropischen Abteilung vorübergehend ein Kaffeehaus eingerichtet.

Die gärtnerische Gestaltung nach der Renovierung

Nach der Übersiedlung der Pflanzen war die Pracht der exotischen Welt wieder zu bewundern:

„*Staunend verharrt der Besucher, nachdem er seinen Obulus entrichtet hat, beim inneren Eingangstor. Über ihm, so weit das Auge reicht, erstreckt sich ein großes, grünes, vielschichtiges Blätterdach. Sein Blick wird durch eine riesige Fächerpalme, die bereits weit in die lichtumflutete, große Kuppel des barocken Baues hineinreicht, angezogen. Umgeben ist dieses Prachtstück von anderen imposanten, auch nicht gerade kleinen Palmen. Besonders sie, die Palmen, sind es, aber auch andere ähnlich bemerkenswerte Gewächse, die das Gesamtbild der größten Abteilung des grünen Glaspalastes prägen.*“ berichtete der Redakteur einer heimischen Zeitung kurz nach der Eröffnung.

Bei der Neugestaltung des Hauses wurden im Gegensatz zur vorhergehenden Auspflanzung auch pflanzen-geographische Gesichtspunkte berücksichtigt. Die Temperatur im Bereich der Mittelkuppel entspricht jener der gemäßigten Klimazonen mit + 12° C bis + 16° C. Hier kann der Pflanzenliebhaber die größten und ältesten Pflanzen des Hauses sehen. Nirgendwo in Österreich und nur in wenigen anderen Glashäusern der Welt können Pflanzen höher wachsen und älter werden als unter der großen Kuppel des Schönbrunner Palmenhauses.

Die Wege der großen, mittleren Abteilung wurden nicht betoniert oder mit Platten verlegt, sie blieben naturbelassen, um so einen möglichst natürlichen Übergang zu den Pflanzengruppen zu schaffen. Für die Wege der tropischen und der Kalthausabteilung wurde Hächselmaterial, das beim Formschnitt der Alleen des Schloßparkes abfällt, verwendet und dadurch der Eindruck eines Waldweges vermittelt.

In der Nähe des Eingangbereiches findet der Besucher unter anderem Pflanzen der Kanaren und der Mittelmeergebiete. Deren „biblische“ Vertreter wie Ölbaum, Granatapfelbaum und Johannisbrotbaum, eröffnen den Reigen. Ihnen folgen asiatische, afrikanische, australische sowie süd- und mittelamerikanische Pflanzen der gemäßigten Klimazonen.

Zu den Riesen in der Gruppe der Afrikaner zählt eine Steineibe. Noch um einiges höher, mit glattem, kräftigem Stamm, wetteifert die Kaurifichte mit den höchsten Palmen um einen Platz unter der Kuppel. Neben der riesigen Kanarendattelpalme war die Kaurifichte wohl einer der Bäume, der am schwierigsten von seinem Ausweichquartier im Sonnenuhrhaus ins Palmenhaus zurückzutransportieren war. Als er auf dem Traktor mit Stützwa-

Alles überragend –
die „Maria Theresien-Palme“

gen lag, befürchtete man, daß der lange, schwere Stamm brechen würde. Noch mühsamer war es, den Riesen im Palmenhaus wieder aufzustellen und an seinen neuen Platz zu pflanzen. Ähnlich wie beim Maibaumaufstellen wurde der Baum mit Hilfe langer Gabelstangen vorsichtig aufgerichtet.

Die Anlage der einzelnen Gruppen wurde so wirklichkeitsnah gestaltet, daß man versucht ist, im afrikanischen Savannenbereich nach Giraffen, Zebras und Gnus Ausschau zu halten. Eine neu installierte Beschallungsanlage mit verschiedenen Tierstimmen trägt zu dieser Illusion bei. Abends werden die Besucher mit Walzerklängen an das Ende der Besuchszeit erinnert.

Sehr viel Platz beanspruchen die australischen Pflanzen in der temperierten Abteilung. Wie in ihrer Heimat dominieren auch hier Eukalyptusbäume, Zylinderputzer und so manches Proteusgewächs, darunter auch eine ansehnliche Makadamie, die „Australische Haselnuß“. Der Känguruhbaum (Casuarine) macht durch seinen kräftigen Stamm auf sich aufmerksam. Im Unterholz duften die zarten Boronien und die Myrtenheide. Den Abschluß in Richtung Tropenabteilung bilden die australischen Akazien. Ihre reizvollen gelben Blütenkugeln kommen in den savannenartig gestalteten Pflanzengruppen besonders gut zur Geltung.

Die prächtigen Vogelblumen (Strelitzien) sind ebenso Afrikaner wie die Sycomorenfeige, jener Baum, aus dem die Pharaonen ihre Särge fertigen ließen. Wegen ihrer riesigen Blätter zählt die Ensete, ein Bananengewächs, zu den auffälligsten Pflanzen der temperierten Abteilung, besonders wenn ihr enormer tropfenförmiger Blütenstand erscheint. In den Pflanzengruppen der nordamerikanischen Flora findet man neben vielen ungewöhnlichen Nachtschattengewächsen auch eine schöne Braheapalme mit einem auffallend breiten Stamm, aber auch Baumtomaten und eine zierliche Washingtoniapalme.

Zu all diesen ausgepflanzten Gewächsen werden immer wieder, je nach Jahreszeit, blühende Kübelpflanzen als Bereicherung ihrer jeweiligen heimatlichen Gruppen dazugestellt. Die Südafrika-Gruppe beherbergt eine große Zahl von Kap-Pflanzen. Die auch in unseren Breiten wachsende Erika, ein Heidekrautgewächs, ist mit mehreren schönen Arten mitten unter den Strelitzien zu finden. Im Kapland, dem kleinsten Florenreich der Erde, kommen allein 500 von den insgesamt 600 bekannten Arten endemisch vor. Der Reservegarten im Belvedere kultiviert ein beachtliches Sortiment an wertvollen Eriken. Einige von ihnen wurden sogar wieder nach Südafrika gebracht, um dort nach verheerenden Buschbränden die Bestände zu vervollständigen und lieferten so einen wertvollen Beitrag zur Erhaltung von Pflanzen unserer weltweit gefährdeten Flora.

Auch die allgegenwärtigen Pelargonien, die seit mehreren Jahrhunderten alpenländische Bauernhöfe und städtische Gärten schmücken, wurden vor etwa 400 Jahren aus Südafrika importiert und weitergezüchtet.

Genau wie der temperierte Mittelteil des Hauses wurde auch die Kalthausabteilung nach Verbreitungsgebieten in entsprechenden Gruppen bepflanzt. In dem nordseitig gelegenen Kuppelbereich wird der Besucher von den kühlsten Temperaturen im Palmenhaus empfangen. In dieser Abteilung sind Pflanzen aus den feucht-kühlen Berg- und Nebelwäldern Asiens und Neuseelands ausgesetzt. Gewächse aus diesen Gebieten benötigen auch im Sommer gemäßigte Temperaturen. Dies wird vor allem durch das Beschatten der Glasflächen erreicht. Kamelien, Azaleen, Zimmertannen und Hanfpalmen fühlen sich hier sichtlich wohl.

Ein hübscher Sitzplatz unter den Palmen lädt zum Verweilen ein. Neben diesen beliebten Kalthauspflanzen und Orchideen, die es auch etwas kühler mögen, können hier unter anderem Zitronen- und Orangenbäume mit Blüten und gleichzeitig gereiften Früchten bewundert werden. Eine von ihnen, und zwar die chinesische Zitrone, ist bei uns sogar winterhart und kann somit im Garten leicht als Exote gehalten werden. Sie wird von den Schönbrunner Gärtnern auch als Unterlage zum Verpfropfen der empfindlichen Kultursorten verwendet. Wenn man nur die Kerne der verwendeten Früchte in die Erde steckt und gießt, kommen nämlich lediglich die Wildformen zum Vorschein.

Nutzpflanzen wie der Teestrauch, der Kakistrauch, die japanische Mispel (Loquate) und der Bambus sind ebenfalls in der Nähe eines kleinen künstlichen Wasserfalles zu sehen. Interessant ist, daß der Teestrauch ein naher Verwandter der hier in allen nur erdenklichen Farben, Formen und Mustern im Frühjahr blühenden Kamelien ist.

Zwei riesige Araukarien zählen mit ihren prächtigen Zweigen zu den schönsten Bäumen der Kalthausabteilung. Durch ihre dunkle Färbung und die ausladende Form der stacheligen Äste erwecken sie Erinnerungen an kühle Gebiete des Nordens oder prächtige, gesunde Wälder unserer Breiten.

Da die hier gezeigten Pflanzen alle aus höheren und somit kühleren Lagen stammen, genügt im Winter eine Mindesttemperatur von + 6° C bis + 8° C. Zu dieser Zeit ist es ratsam, die Abteilung vorsorglich im Wintermantel zu besuchen.

Vorbei an den savannenartig gestalteten Akaziengruppen an der Südseite der großen Kuppel, gelangt man in die dritte, die tropische Abteilung des Hauses. Hohe Luftfeuchtigkeit und sommerliche Temperaturen von etwa + 26° C bestimmen das Raumklima, in dem sich ein Pflanzenreichtum aus den Tropen und Subtropen wohlfühlt. Die Tropen erstrecken sich über

Der damalige Abteilungsleiter, Kurt Vogl, bei der Neubepflanzung der Tropen-Abteilung

riesige Gebiete unserer Erde beiderseits des Äquators zwischen den beiden Wendekreisen der Sonne, die Subtropen schließen jeweils nördlich und südlich an. Nirgendwo ist die Artenvielfalt an Flora und Fauna größer als in diesen Breiten. Im Palmenhaus hat man daher auf eine Anordnung dieser Pflanzen nach Verbreitungsgebieten verzichtet.

In der Tropenabteilung wird es besonders in den Sommermonaten, wenn die Sonne auf das Kuppeldach brennt, richtig heiß und schwül. Herabgerollte Schattierungsmatten dämpfen das Licht, und die eifrige Nebelsprühanlage überzieht alles, einschließlich den Besucher, mit einem feinen, feuchten Schleier. Es kann schon einmal passieren, daß ein Gast diese Idylle fluchtartig wieder verläßt, wenn ihm die hohe Luftfeuchtigkeit zu schaffen macht. In den Wintermonaten fühlen sich hingegen die meisten Besucher bei den angenehmen +17° C der Tropenabteilung besonders wohl.

So zahlreich wie im tropischen Teil gibt es die vielen schönen Blüten in der ursprünglichen Vegetation nur selten. Im Palmenhaus ist die in den Tropen überall anzutreffende Kokospalme genauso zu bewundern wie viele andere Nutzpflanzen, darunter Kaffee, Kakao, Banane, Melonenbaum und das Zuckerrohr. Neben dem riesigen Bambus kann der Blumenfreund blühende Orchideen und farbenfrohe Bromelien in den Tropenbäumen finden.

Blätter der Superlative: Coccoloba pubescens

Wie aus einer fernen Welt: Blattnervatur der Coccoloba pubescens

Aber nicht nur diese bekannten Blütenpflanzen, sondern auch die prächtige Medinilla und so manche Hibiscus-Art lassen den Betrachter im Palmenhaus immer wieder zur Kamera greifen – allerdings erst, nachdem das Objektiv sich der Temperatur angepaßt und seinen Feuchtigkeitsbeschlag verloren hat.

Außer den vielen Gummibäumen und ornamentalen Schraubenbäumen zählen einige imposante, urtümliche Palmfarne aus der Reichhaltigkeit der Tropenabteilung zu den Besonderheiten des Hauses. Auch die bunten, oft zierlich gezeichneten Blätter der sogenannten Bodendecker, die Stiefkinder der Tropenflora, sind sehenswert. Vor allem die grün-weiß und rot-grün gezeichneten Fittonien sind in ihrem dekorativen Aussehen kaum zu überbieten. Ebenso tragen die reizenden Peperomien zur Vielfalt des Unterwuchses bei.

Einer der schönsten Bäume aus dem Reich der exotischen Gewächse ist die *Trevesia palmata* aus Indien. Ein Blick vom unteren Ende ihres Stammes hinauf in die Blattkrone lohnt sich bei einem Besuch im Palmenhaus, läßt er doch die Gedanken an ferne Welten frei ...

Ebenso fasziniert die *Coccoloba pubescens*, deren fast kreisrunde, behaarte Blätter in ihrer Heimat sogar einen Durchmesser von rund einem Meter erreichen, im Palmenhaus ist sie jedoch noch nicht ganz so weit.

Seit einigen Jahren ist nun als besondere Rarität die Seychellennußpalme zu bestaunen. Sie ist aus einer der Früchte hervorgegangen, die dem Palmenhaus zur feierlichen Wiedereröffnung von der Republik der Seychellen geschenkt wurden.

Das Sonnenuhrhaus

Ganz in der Nähe des Palmenhauses steht – versteckt hinter riesigen, über 200 Jahre alten Platanen – der kleine Bruder des Palmenhauses, das Sonnenuhrhaus. Der Name stammt von einer Sonnenuhr, die sich vor dem Gebäude schon seit dem 19. Jahrhundert befindet. Als das damalige Gewächshaus den Anforderungen nicht mehr entsprach, begann man 1904 mit dem Bau des heutigen Hauses. Das neue Sonnenuhrhaus wurde nach den Entwürfen des k.u.k. Hofarchitekten Alphons Custodis erbaut. Es war für die bedeutende Neuholländer-Sammlung mit Pflanzen aus Australien (Neu-Holland) und später auch für die artverwandten aus Südafrika und Südamerika bestimmt. Initiator des Baus war der Diplomat und For-

Der „kleine Bruder" des Palmenhauses mit Sonnenuhr auf weißem Sockel

schungsreisende Karl Alexander Anselm Freiherr von Hügel, dessen Sammlung vom Kaiserhof erworben wurde.

Wie das große Palmenhaus ist auch dieses Haus in drei Abteilungen gegliedert. Das Sonnenuhrhaus hat eine Höhe von 15 Metern, ist 95 Meter lang, 14,5 Meter breit und nur einfach verglast. Die Gesamtfläche des Hauses beträgt 1300 Quadratmeter. Die südseitige Glasfläche schuf optimale Lichtverhältnisse für die Neuholländer-Sammlung und später auch für die lichthungrigen Kakteen, die Nordseite besteht aus einer hohen, gemauerten Wand. Der ebenfalls gemauerte Haupteingang zeigt Reliefs, die an Arbeiten des Jugendstilkünstlers Michael Powolny erinnern. Glücklicherweise blieb das Sonnenuhrhaus im Zweiten Weltkrieg von Zerstörung großteils verschont und ermöglichte dadurch die Unterbringung der wenigen erhalten gebliebenen Pflanzen aus dem schwer beschädigten Palmenhaus.

Die Gewächse des Sonnenuhrhauses werden fast alle in Holz- oder Plastikkübel gepflanzt. Wenn sie blühen, bringt man sie ins Freie, wo einige der schönsten das große Palmenhaus nebenan schmücken. Die einfache Verglasung reicht aus, um die für Kalthauspflanzen erwünschte Höchsttemperatur von cirka + 12° C in den Wintermonaten zu erreichen. So ist es auch ein ideales Kulturhaus für Sukkulenten (wasserspeichernde Pflanzen), besonders für die prächtigen Kakteen. In den Sommermonaten werden die Kübelpflanzen im Freien vor dem Sonnenuhrhaus gruppiert und können von den Besuchern des Schönbrunner Parks bewundert werden.

Auch während der letzten Renovierung des Palmenhauses diente das Sonnenuhrhaus einigen Pflanzen, die auch dort zu besichtigen waren, als Ausweichquartier. Kurz vor der Wiedereröffnung des großen Palmenhauses wurde die tropische Abteilung des Sonnenuhrhauses im April 1990 in Österreichs erstes Schmetterlinghaus verwandelt. Leider ist derzeit das Haus für die Öffentlichkeit geschlossen, die Schmetterlingschau ist inzwischen in das Palmenhaus im Wiener Burggarten übersiedelt. Neben dem Schönbrunner Palmenhaus ist dies das prächtigste von Wien.

Die starken Rostschäden an der Konstruktion des Sonnenuhrhauses haben eine Renovierung notwendig gemacht, die seit 1998 auch durchgeführt wird. Die Wiedereröffnung ist für Sommer 2003 geplant, doch dürfte sie bereits im Herbst 2002 abgeschlossen sein. Nach längerer Pause wird es dann wieder möglich sein, beide Häuser zu besuchen. Dann wird sich die Gelegenheit bieten, erstmals auch das einzigartige Kakteensortiment der Bundesgärten kennenzulernen. Im Reservegarten Schönbrunn wurde nämlich über die Jahre eine bedeutende Sammlung, die für Besucher nicht zugänglich war, aufgebaut, und die nun, durch weitere Sukkulenten ergänzt, ins Sonnenuhrhaus übersiedelt wird.

Imposante Säulenkakteen
im Sonnenuhrhaus

Stolz des Gärtners: Fruchtender Säulenkaktus

Glanzpunkt dieser Sammlung ist die *Fockea crispa*, die der Hofgärtner Franz Boos mit anderen wasserspeichernden Pflanzen von einer Sammelreise nach Südafrika Ende des 18. Jahrhunderts mitgebracht hat. Aufzeichnungen der Bundesgärten lassen darauf schließen, daß sie die älteste in Kultur erhaltene sukkulente Pflanze der Welt ist! Diese historische Kostbarkeit wurde bereits auf der Weltausstellung 1889 in Paris und beim ersten internationalen botanischen Kongreß 1905 in Wien als botanische Schönbrunner Sensation präsentiert.

Auch heute noch werden die Sammlungen ständig erweitert. So hat der Kakteenspezialist der Bundesgärten Schönbrunn, Ernst Zecher, zwischen

1969 und 1990 von Studienreisen nach Süd- und Mittelamerika zahlreiche wertvolle Sammelobjekte nach Schönbrunn gebracht, darunter sogar einige Neufunde.

1976 wurde die Schönbrunner Sukkulentensammlung beim I.O.S. Congress (Internationale Organisation für Sukkulentenforschung) in Barcelona sogar zur Mustersammlung erklärt und Schönbrunn mit der Erhaltung und Aufzucht dieser gefährdeten Pflanzen betraut. In den letzten Jahren kam noch eine weitere Aufgabe hinzu: Im Rahmen des Washingtoner Artenschutzabkommens richtete man eine Auffangsammlung für vom Zoll beschlagnahmte Pflanzen ein.

Neben vielen Kakteen, Wolfsmilch- und Ananasgewächsen wird man im neu eröffneten Sonnenuhrhaus auch wieder eine besonders reiche Sammlung an Farnen und Palmfarnen bewundern können.

Die Pflanzenwelt des Schönbrunner Palmenhauses

Palmen und solche, die es gerne wären

Jene Pflanzen, die dem Palmenhaus ihren Namen gaben und das Innere des Gebäudes mit ihrem imposanten Wuchs prägen, sind erdgeschichtlich gesehen eine relativ junge Gruppe und erst ungefähr 100 Millionen Jahre alt. Weltweit gibt es 236 Gattungen mit ca. 3 600 verschiedenen Arten, die fast ausschließlich in den tropischen und subtropischen Gebieten der Erde, besonders in Südamerika und in Südostasien, vorzufinden sind. Überraschend wenige Palmenarten wachsen im tropischen Afrika.

Der Name „Palme“ stammt vom lateinischen „palma“ und bedeutet „die Hand“. Palmen wachsen baumartig, haben aber keine Äste und sind fast immer unverzweigt. Nur die afrikanische Dumpalme bildet als einzige eine Verzweigung ihrer Baumkrone. Einzelne Palmen (z. B. *Ceroxylon quindiuense*) können eine Höhe von 60 Metern und eine Dicke von über einem Meter erreichen, ihre Blätter werden bis zu 15 Meter lang. Ein besonderes Merkmal der Palmen ist ihr meist gleichmäßig dicker Stamm. Er erreicht schon zu Beginn seines Längenwachstums annähernd den endgültigen Umfang. Nur bei wenigen Arten, wie zum Beispiel der Rotang-Palme, bleibt

Die „drei Riesen“: Livistona mit zwei Dattelpalmen

„Palma" – „die Hand"

er dünn wie ein Federkiel. Mit der Hilfe von Blatt- oder Wurzeldornen kriecht oder klettert sie oft bis zu 170 Meter weit. Da man sie auch heute noch zur Erzeugung von Kinderwagen und Möbeln (Rattan-Korbmöbel) verwendet, wird sie auch „Stuhlrohr" genannt. Ihre dünnen Stämme wurden außerdem in pädagogischer Urzeit als „Rohrstaberl" von Lehrern im Unterricht eingesetzt und sind unter dem Namen „Spanisches Rohr" bekannt geworden.

Wenn Palmen blühen, dann meist in Massenentwicklung. So bringt eine einzige Dattelpalme an die 12 000, die Sagopalme weit über 200 000 Blüten auf einmal hervor. Die Bestäubung erfolgt teils durch den Wind, teils durch Insekten, und die Früchte sind Beeren, Steinfrüchte oder Nüsse. In seltenen Fällen bleibt der Same unausgebildet, und die Frucht besteht dann nur aus einer einzigen fleischigen Masse wie bei der südamerikanischen Pfirsichpalme oder bei der kernlosen Dattelpalme der Kanarischen Inseln.

Die unscheinbaren Blüten der Palmen sind immer zu Blütenständen vereinigt, das heißt viele Blüten besitzen einen gemeinsamen Blütenstiel. Manche dieser Blütenstände erreichen imponierende Ausmaße und sind dann überaus dekorativ.

Betritt man das Schönbrunner Palmenhaus, fällt einem sofort jene riesige Palme auf, die bereits ihre „Laterne", den obersten Teil der Kuppel, erreicht hat. Die Riesin, eine chinesische Livistona, wird oft fälschlich als Maria Theresien-Palme bezeichnet. Sie und ihre beiden kleineren Nachbarn, zwei Dattelpalmen, blieben als einzige während der letzten Generalsanierung eingewurzelt im Boden des Palmenhauses stehen, da sie nicht mehr transportfähig waren. Ihr Alter wird auf 140 bzw. 120 Jahre geschätzt. Eine genaue Bestimmung ist aufgrund der bei Palmen fehlenden Jahresringe schwierig. Die Schirm-Palme (*Livistona chinensis*) wird heute noch häufig in China kultiviert. Diese Palmen-Gattung ist mit etwa 28 Arten von Afrika bis zum Himalaya und über Südostasien bis nach Australien verbreitet.

Schon in der ursprünglichen Auspflanzung gab es unter der großen Kuppel der mittleren Abteilung eine riesige Fächerpalme – ebenfalls eine *Livistona chinensis*, die Vorgängerin der heutigen Riesin. Sie dürfte mit aller Wahrscheinlichkeit 1787 von Franz Boos auf der Insel Mauritius gesammelt worden sein und gedieh so üppig, daß sie 1909 an die Grenze ihrer Ausdehnungsmöglichkeit gelangt war. Damals gab es Überlegungen, einen Aufbau auf die Kuppel des Hauses zu setzen. Eine weitere Idee war, das gesamte Palmenhaus zu heben, was aber schließlich an den enormen Kosten scheiterte. Schweren Herzens entschloß man sich dann doch, diese prachtvolle Pflanze umzuschneiden. Jahre zuvor war bereits der oberste Teil ihres Stammes mit der Krone von Drahtseilen niedergebogen worden, um sie längs der Glaskuppel zum Weiterwachsen zu bewegen. Dadurch war es gelungen, sie noch einige weitere Jahre im Palmenhaus stehen zu lassen. Schließlich wurden mit ihr auch zwei andere über 30 Meter hohe Exemplare entfernt. Bei Palmen ist nämlich ein Rückschnitt nicht möglich, denn sie haben keine „schlafenden Knospen", die einen neuerlichen Austrieb ermöglichen.

Inzwischen ist die Nachfolgerpalme auch schon wieder fast bei der Decke angelangt. Sie hat nur noch wenige Meter, um das Glasdach zu erreichen. Daher ergeben sich in wenigen Jahren noch einmal die gleichen Probleme wie schon zu Beginn des 20. Jahrhunderts. Einige Fachleute plädieren für eine Hormonbehandlung zur Wachstumsverzögerung, andere wiederum wollen sie schräg stellen, wobei das Problem dadurch nur hinausgeschoben, aber nicht gelöst wäre. Mit 23 Metern ist sie eine der größten, wenn nicht sogar die größte Palme der Welt, die in einem Glashaus kultiviert wird!

Den Namen „Maria Theresien-Palme" hat sie durch einen Irrtum erhalten: Unter den von Richard van der Schot in Holland eingekauften Pflanzen war jene besonders alte und große Palme, die als erste ihrer Art in Europa zum Blühen gebracht worden war. Sie gehörte ursprünglich Prinz Wilhelm von Oranien, dem späteren König von England, der sie 1684 aus Indien

Faszinierende Perspektive
in die Blattregion
der Dattelpalme

bekommen hatte. Das Alter dieses Baumes wurde damals bereits auf 30 Jahre geschätzt. Im Jahr 1702 bekam ihn König Friedrich I. von Preußen, und von dessen Nachfolger, König Friedrich Wilhelm, erhielt ihn Adrian van Stekhoven. Er setzte die Palme in den kaiserlichen Hofgarten von Wien, wo diese 1765 zu blühen und sogar zu fruchten begann. Die Palme erhielt daraufhin zu Ehren der Kaiserin den Namen „Maria Theresien-Palme". Doch eine solche Palme geht nach dem einmaligen Blühen und Fruchten zugrunde, trotzdem hat sich der Name für die größte Schönbrunner Palme vererbt, auch wenn es längst eine andere ist ...

Kälteschutz der Hanfpalmen

Der heutige Palmenbestand verteilt sich auf alle drei Abteilungen. Außer der Gruppe der Großpalmen bietet das Haus dem Besucher auch wirtschaftlich bedeutende sowie reine Zierarten. Zu den wirtschaftlich wichtigsten zählt die Kokospalme. Sie ist neben den vielen verschiedenen Getreide-Arten die bedeutendste Nutzpflanze der Welt. Alle ihre Teile können, wie ein indisches Sprichwort besagt, in „999facher Weise" genutzt werden. Eine einzige Palme kann bis zu 120 Früchte jährlich hervorbringen. Zur Gewinnung von Kokosöl wird das sogenannte Nährgewebe der „Nüsse" (Steinkerne) zu Kopra getrocknet, das etwa 60 Prozent Öl enthält. Daraus wird Palmin hergestellt, das der Margarineerzeugung dient. Aus dem Fruchtfleisch werden Kokosflocken gewonnen. Die harten Schalen der Früchte benutzt man zur Herstellung von Aktivkohle, die als Medikament eingesetzt wird. Die Kokosmilch, die der Ernährung des Keimlings dient, ist ein erfrischendes Getränk, das aus sechs bis sieben Monate alten Früchten gewonnen wird. Zur Palmweinerzeugung wird durch Anschneiden der Blütenstände Zuckersaft gewonnen. Die Fasern des Stammes werden zu Seilen und Matten verarbeitet. Der Stamm selbst liefert den Tropen-Bewohnern Nutzholz, die Blätter werden zum Dachdecken und für verschiedene Flechtarbeiten verwendet und überdies werden die Gipfelknospen junger Pflanzen als Palmkohl verspeist. Preßrückstände bilden ein geschätztes Viehfutter und aus der steinharten Kernwand werden schließlich Knöpfe hergestellt.

Nicht selten werden Kokospalmen auch im Handel angeboten. Sie bräuchten aber tropische Bedingungen für ihr Gedeihen und sind daher für unsere Wohnräume nur kurzzeitig geeignet.

Eine „Palme der Superlative" ist die nur auf zwei kleinen Inseln der Seychellen beheimatete Seychellen-Nuß. Sie wird dort als nationales Wahrzeichen strengstens geschützt. Zu ihrer Reife benötigen die riesigen, oft 20

Wahrzeichen der Seychellen: Die Seychellennuß-Palme

Kilogramm schweren „Nüsse" bis zu sechs Jahre. Die Keimung dauert etwa neun Monate, und die erste Blüte erscheint erst nach 50 bis 100 Jahren. Ihre Stämme werden an die 60 Meter hoch, die Blätter können einen Durchmesser von sechs Metern erreichen. Die Früchte dieser Palmenart erreichen einen Umfang von mehr als einem Meter und sind somit die größten des gesamten Pflanzenreiches. Im Englischen heißen sie „Double Coconut".

Seit dem 16. Jahrhundert sind diese Früchte in der westlichen Welt bekannt. Da sie gelegentlich an die Küste Ostafrikas gespült wurden, glaubte man vor der Entdeckung der Seychellen, daß sie auf dem Meeresgrund wachsen. Sie galten als große Kostbarkeit und wurden daher in den Schatzkammern vieler Herrscher aufbewahrt. Außerdem war man davon überzeugt, daß ein Trinkgefäß aus solch einer Frucht anzeige, ob dessen Inhalt vergiftet sei. Aufgrund ihrer schwierigen Kultur und ihrer enormen Größe ist die Seychellen-Nuß in Gewächshäusern nur selten anzutreffen. Schönbrunn besitzt jedoch ein beeindruckendes Exemplar dieser Art im hinteren Bereich der tropischen Abteilung.

„Sie taucht den Fuß in das Wasser und das Haupt in das Feuer des Himmels", lautet die lyrische Beschreibung der Dattelpalme durch einen arabischen Dichter. Sie ähnelt der Kokospalme, besitzt aber einen etwas dickeren, mit größeren Blattnarben bedeckten Stamm. (Blattnarben sind die Abbruchstellen ehemaliger Blattstiele.) Dieser kann eine Höhe von 20 Metern erreichen und trägt eine kleinere Blätterkrone. Da ihre Wurzeln außerordentlich tief in den Boden zum Grundwasser eindringen, findet sie selbst noch in der Wüste ihr Auslangen. Sie ist somit das „Kamel" unter den Pflanzen und ohne sie wäre die Besiedlung vieler Wüstenzonen durch den Menschen nicht möglich gewesen. Da es männliche und weibliche Bäume gibt und natürlich nur letztere Früchte hervorbringen können, bestehen Plantagen überwiegend aus weiblichen Bäumen. Damit es aber zu Bestäubung und Befruchtung kommt, müssen männliche Blütenstände abgeschnitten, in die weiblichen gesteckt und mit diesen zusammengebunden werden. Da der Blütenstaub außerordentlich langlebig ist, werden männliche Blütenstände sogar auf Märkten angeboten. In den westlichen Ländern schätzt man die fleischigen, süßen Saftdatteln als getrocknetes Obst, in den Ursprungsländern hingegen bevorzugt man die stärkehaltigen Trockendatteln, da sie sich jahrelang aufbewahren lassen und den Wüstenbewohnern als „tägliches Brot" dienen.

Im Schönbrunner Palmenhaus sind unter der großen Kuppel zwei mächtige Exemplare ausgepflanzt. Die echte Dattelpalme wird meist etwas höher und ihr Stamm ist auch schlanker als der der Kanarendattelpalme. Diese in vielen Ländern als Zierpflanze verbreitete Palme bringt leider keine eßbaren Früchte hervor.

Zu den kleineren Palmen zählt die Ölpalme, die in der Tropen-Abteilung des Palmenhauses zu sehen ist und ursprünglich aus den feucht-heißen Gebieten Westafrikas stammt. Ihr Fruchtstand, der sich meist aus mehr als 1000 pflaumenähnlichen, rotbraunen Steinfrüchten zusammensetzt, hat Ähnlichkeit mit einer riesigen Erdbeere. Aus dem Fruchtfleisch wird das Palmöl gewonnen, aus den Samen das feinere Palmkernöl gepreßt. Palmöl wird zur Herstellung von Seifen und Kerzen verwendet, Palmkernöl hingegen zur Bereitung von Speisefetten.

Die Zuckerpalme aus dem tropischen Asien gehört ebenfalls zu den nützlichen Palmenarten. Ihre Beerenfrüchte sind eiförmig bis kugelig und beinhalten nur wenige Samen. Das Fruchtfleisch ist gelblich, die Fruchtkolben sind oft so schwer, daß ein Mann jeweils nur einen davon tragen kann. Der stärkehältige Stamm liefert Sago (Stärkemehl) und wertvolles Nutzholz. Aus dem Saft der angeschnittenen jungen Blütenkolben werden Zucker, Sirup, Palmwein und der sogenannte Arak, ein aromatischer Branntwein, gewonnen. Wegen ihrer langen, ausladenden Fiederblätter wurde die Schönbrunner Zuckerpalme aus Platzgründen in die große, aber kühlere Abteilung gepflanzt, obwohl ihr naturgemäßer Standort in der tropischen wäre.

Besonders dekorativ sind die Fischschwanzpalmen in der Mittel- und Südabteilung des Palmenhauses, die im tropischen Asien und Australien

Nomen est omen: Fischschwanzpalme

beheimatet sind. Sie werden ihrem deutschen Namen mehr als gerecht, denn ihre doppelt gefiederten großen Blätter sind rauten- bis keilförmig und verleihen besonders dem Blattende das Aussehen eines Fischschwanzes. Diese Palme wächst außerdem mehrtriebig. Nach dem Erreichen der Geschlechtsreife bilden sich aus den obersten Achselknospen Blütenstände mit männlichen und weiblichen Blüten. Fünf bis sieben Jahre später brechen nacheinander die jeweils tiefer liegenden Achselknospen auf. Sind die Samen am untersten Blütenstand ausgereift, stirbt der ganze Trieb ab. Wie bei den Bananen oder Bromelien wächst ein neuer Bodentrieb an seiner Stelle.

In der Mitte der Nordkuppel des Palmenhauses befindet sich ein kleiner Hain japanischer Hanfpalmen. Sie zeichnen sich durch besondere Frosthärte aus und werden bereits in Südtirol im Freien ausgepflanzt. Auch auf den Britischen Inseln gedeihen sie überall dort, wo der warme Golfstrom gute Wachstumsbedingungen schafft. Sogar in heimischen Weinbaugebieten gibt es Versuche, Hanfpalmen an geschützten Stellen unter einer einfachen Bedeckung frei zu kultivieren.

Eine eher unscheinbare Fiederplame ist die *Chambeyronia macrocarpa*, die in der tropischen Abteilung des Palmenhauses kaum auffällt. Wenn sie jedoch im Frühjahr ein neues Blatt ausbildet, ist sie für wenige Tage der Star unter den tropischen Palmen. Dieses neue Blatt hat einen herrlich bronzefarbigen bis rötlich-braunen Farbton. Nach etwa einer Woche wird das Blatt grün wie alle übrigen. Die besondere Pracht ist dann vorbei, und die Palme beginnt wieder ihr Aschenputteldasein bis zum folgenden Frühjahr, denn sie bekommt im Palmenhaus leider nur ein Blatt im Jahr. Da diese außergewöhnliche Palme große Ansprüche an ihre Kultur stellt, ist sie in Schauhäusern eher selten zu sehen und hat wie viele andere Pflanzen noch keinen deutschen Namen, obwohl gerade sie einen sehr schönen verdienen würde.

Relativ klein gewachsen, aber durch feuerrote Blattstiele sehr auf-

Kleine Rast unter Baumfarnen

Im Frühjahr der „Star" unter den tropischen Palmen: Chambeyronia macrocarpa

fallend, ist die Siegellack- oder Rotstielpalme, die ebenfalls in der tropischen Abteilung bewundert werden kann. Ihre Heimat liegt in Sumatra, wo sie häufig an Flußufern zu finden ist.

Nicht zu übersehen ist die schönste Fächerpalme des Palmenhauses am Ende der Südseite der großen Amerikagruppe. Die *Brahea nitida* trägt an langen Stielen große, fast kreisrunde Blätter und besitzt einen eindrucksvollen, in Bodennähe verdickten Stamm.

In der ursprünglichen Bepflanzung der großen Abteilung gab es viele, meist niedrige mexikanische Bergpalmen. In mehreren dunklen Pflanzengruppen wuchsen diese kleinen, nur dünne Stämmchen bildenden Palmen als dankbare Schattenpflanzen. Heute finden nur noch wenige Exemplare in der viel differenzierteren Auspflanzung Platz.

Eine besondere Palme aus dieser Gattung ist die zierliche Bergpalme (*Chamaedorea elegans*). Sie ist etwas filigraner im Wuchs als ihre mexikanische Schwester. Die beiden Bewohner feucht-kühler Bergwälder Mittelamerikas sind beliebte Zierpflanzen und einfach zu pflegen, wenn man beach-

Wie leuchtend schwarze Augen: Die Früchte der zierlichen Bergpalme

tet, daß sie nicht zu warm und sonnig stehen. Bergpalmen sind zweihäusig, das bedeutet, daß männliche und weibliche Blütenstände auf getrennten Pflanzen wachsen. Setzt man diese kleinen Palmen zu mehreren in einen Topf, können sie auf den gelben weiblichen Blütenständen auch hübsche schwarze Früchte bilden.

Mehr scheinen als sein – auch in der Pflanzenwelt gibt es „Großtuer", die es ihren Vorbildern gleichtun wollen. Palme ist eben nicht immer wirklich Palme. Eine in Europa schon seit langem eingeführte Zimmerpflanze ist die asiatische Schusterpalme. Auch im Schönbrunner Palmenhaus stehen im Kalthaus einige Exemplare. Doch diese „Palmen" gehören zu den Liliengewächsen und sind daher keine echten Palmen. In der Natur lebt die Schusterpalme in größeren Höhen, verträgt somit auch kühleres Klima und ihre bodenständigen Blüten werden – erstaunlicherweise – von Schnecken bestäubt.

Auch die Panama-Palme aus der Tropenabteilung des Palmenhauses im Südtrakt ist keine echte, selbst wenn sie so wirkt. Sie zählt zur Familie der Scheibenblumengewächse, die im westlichen Brasilien, Peru, Ecuador und Kolumbien bis nach Zentralamerika verbreitet sind. Wirtschaftliche Bedeutung erreichte sie, da sie das Rohmaterial für die Erzeugung der einst auch in Europa beliebten Panamahüte lieferte. Aus den kräftigen, jungen, noch gefalteten Blättern gewinnt man Fasern, die nach dem Kochen und Trocknen gebleicht werden. Ursprünglich wurden diese Hüte für die Arbeiter beim Bau des Panamakanals hergestellt, was den Namen erklärt. Diese Kopfbedeckungen erzeugte man jedoch nie in Panama, sondern in Ecuador. Derzeit produzieren Bolivien und Peru die meisten Hüte, die berühmtesten und besten stammen allerdings nach wie vor aus Ecuador und zwar aus der Stadt Cuenca an der Westküste.

Außer dieser Panama-Palme gibt es noch weitere zehn Gattungen mit 179 Arten und alle sind in der tropischen Zone Mittel- und Südamerikas einschließlich der Antillen beheimatet.

Palmfarne oder Zapfenpalmen – ebenfalls in der wärmsten Abteilung des Palmenhauses zu sehen – kommen heute nur mehr in wenigen Gattungen und Arten in den wärmeren Gebieten der Erde vor. Niemand sieht ihnen rein äußerlich ihre nahe Verwandtschaft zu den bekannteren Nadelhölzern an. Das Fehlen von Früchten und der Besitz von männlichen Geschlechtszellen, die mit einer eigenen Geißel aktiv zu den Eizellen

Blütenstand der männlichen Bergpalme

schwimmen, rücken sie in die Nähe der Koniferen. Die Art *Dioon edule* besitzt sogar die größten Eizellen des Pflanzenreiches – sie werden sechs Millimeter groß. Auch die (unechte) Sago-Palme zählt zu den Nacheiferern der großen Palmen. Aus ihrem Mark wird in den Tropen ebenfalls Stärke gewonnen. Die Blätter dieser Cycadineen, wie sie richtig heißen, werden teilweise in der Kranzbinderei verwendet. Auch die beiden gekreuzten „Palmblätter", die man früher auf Todesanzeigen bei Feuerbestattungen und auf Grabsteinen finden konnte, waren in Wirklichkeit Cycas-Blätter.

Die Yuccapalmen, in Amerika Joshua Trees genannt, zählen ebenfalls nicht zu den Palmen, sondern zu den Liliengewächsen. Besonders dekorativ, besitzen sie allerdings harte, scharfrandige, spitze Blätter.

Ganz eigenartig exotisch wirkt eine Pflanze aus Südwest-Madagaskar mit einem zylindrisch-säulenförmigen Stamm und einem palmenähnlichen Blattschopf: die Madagaskar-Palme. Zur Familie der Hundsgiftgewächse gehörig, liebt sie Hitze, viel Sonne und nahrhaften Boden. In ihrer Heimat hat sie die Möglichkeit, Feuchtigkeit in Form von Tau aufzunehmen. Alljährlich verliert die Madagaskar-Palme während ihrer Ruheperiode in der lichtarmen, kühleren Jahreszeit sämtliche Blätter. Im wiederhergestellten Schönbrunner Sonnenuhrhaus werden diese beiden Exoten neben anderen prächtigen Sukkulenten zu bewundern sein. Den Reigen dieser Nachahmer beschließen die beeindruckenden Schraubenpalmen. In der Natur bevölkern sie vor allem die tropischen Koralleninseln und befestigen sich mit langen, dünnen, charakteristischen Stelzwurzeln im Sand. Der Name stammt von der spiraligen Anordnung ihrer Blätter, wie das besonders schöne Exemplar *Pandanus utilis* nahe dem Tropentümpel in der Südabteilung des Palmenhauses zeigt.

Gedrehte Blätter der Schraubenpalme

Der Kampf ums Licht: Kletter- und Aufwuchspflanzen

Ein Besucher des Palmenhauses wird zuallererst von der Blütenpracht und der Höhe der Palmen überwältigt sein. Lichtstrahlen aus der hohen Kuppel durchdringen Blätter und Blüten und betonen den Kontrast zwischen der hellen Konstruktion des Gebäudes und dem vielfältigen Grün. Die zahlreichen Kletterpflanzen, die sich an den tragenden Säulen der Konstruktion dem Licht entgegenranken oder aus der Kuppel herabhängen, werden nicht gleich wahrgenommen. Als „Emporkömmlinge" nutzen sie oft sogar ihre Nachbarn als Kletterhilfe auf dem Weg zum Licht.

Auch die faszinierenden Tropenwälder sind das Ergebnis eines kaum merkbaren Kampfes. Es ist der Kampf um das lebensnotwendige Licht. Denn nur in den sonnendurchfluteten Baumkronen gibt es genügend davon, also Energie für eine intensive Photosynthese, die Umwandlung von Kohlendioxid und Wasser zu organischem Material, etwa zu Blättern oder Früchten, und zu Sauerstoff.

Als Ergebnis dieses Ringens um das Licht entsteht immer, auch in unseren Breiten, sofern nicht künstlich eingegriffen wird, ein Wald mit einem sogenannten Stockwerkaufbau. Er setzt sich meist aus einer Kraut-, einer Strauch- und einer Baum-Schicht zusammen. In den Tropen ist er kaum auf den ersten Blick erkennbar, denn ein Gewirr von Luftwurzeln, Schlingern, Lianen, Blättern und Aufsitzern verdeckt diese Strukturen.

Riesige, bis zu 60 Meter hohe Urwaldbäume beherrschen mit ihrem Kronendach die Wälder. Darunter wird es merklich finsterer, was viele Pflanzen dazu veranlaßt, hochzuklettern oder sich einfach in Astgabeln anzusiedeln. Ganz unten im Dämmerlicht gedeihen dann nur mehr verschiedene krautige Pflanzen und keimende Samen. Fällt nun, altersbedingt und morsch geworden, ein solcher Urwaldriese um, so schlägt er dabei eine gewaltige Schneise. Diese schafft Freiraum und vor allem einen willkommenen Lichteinfall. Nun beginnt ein gewaltiger Wettlauf. Alle Pflanzen suchen einander im Wachstum zu übertreffen, bis die kräftigeren und rascheren ihre Geschwister und fremden Nachbarn wieder beschatten. Diese gelangen dadurch ins Hintertreffen, bleiben im Wachstum zurück, gehen schließlich zugrunde und werden wieder dem Stoffkreislauf einverleibt, bis neues Leben daraus entsteht.

Eine Auswahl dieser Emporkömmlinge kann in allen Abteilungen des Schönbrunner Palmenhauses bewundert werden. Einige dieser Pflanzen sind besonders beachtenswert. Unter ihnen befindet sich der Losbaum, der im heißen Afrika zu Hause ist. Die scharlachroten, kurzlebigen Blüten sind

Lebender Vorhang:
Bougainvillea mit
grün-weißen Blättern

von weißen Kelchen umgeben, die im Gegensatz zur Blüte lange am Kletterstrauch bleiben und einen starken Kontrast zu den dunkelgrünen, länglich-herzförmigen Blättern bilden.

Von Mexiko bis Panama, aber auch auf den Westindischen Inseln, ist der Purpurkranz mit seinen blauvioletten, bis 20 cm langen Blütentrauben verbreitet.

Hoch oben über der Schraubenbaumgruppe der Tropenabteilung kann man die großen, zitronengelben Blüten der brasilianischen Allamanda bewundern. Mit Ausnahme der Wintermonate blüht sie unermüdlich. An der Innenseite ihrer Blüte befinden sich hübsche, braune Streifen. Wie der Oleander oder die Plumeria gehört auch die Allamanda zu den meist giftigen Hundsgiftgewächsen. Ebenfalls zu dieser Familie zählen die Rauvolfia und der Strophanthus, die für die Medizin von Bedeutung sind. Aus dem Samen des Strophanthus wird das Herzmittel Strophanthin gewonnen. Wurzeln einiger Rauvolfiaarten liefern Beruhigungs- und blutdrucksenkende Arzneimittel. Die Hundsgiftgewächse sind in Europa wildlebend nur durch das schattenliebende Immergrün vertreten. Die Namensgebung der Familie leitet sich von *Apocynum venetum* ab, einer Pflanze, die vom Mittelmeerraum bis Ostasien verbreitet ist und Hundetod bedeutet.

Eine der attraktivsten Kletterpflanzen der tropischen Abteilung ist die *Thunbergia grandiflora,* ein Bärenklaugewächs. Auf der kleinen Galerie, unter der Kuppel des Hauses, hängen ihre großen hell- bis dunkelblauen Blütentrauben an ihren üppig wachsenden Trieben.

Sehr auffällige, große rötliche bis braune Blüten in luftigen Regionen erscheinen an den korkigen Trieben der Pfeifenblume. Ihre fleischfarbigen, übelriechenden Blüten, die auch als Kesselfalle dienen, locken Insekten zur Bestäubung an. Der röhrenförmige Teil der Blüte läßt Aasfliegen eindringen, die dann erst nach einiger Zeit – mit Pollen beladen – wieder in die Freiheit gelangen.

In einem großen Gewächshaus müssen selbstverständlich die natürlichen Wachstumseigenschaften der Pflanzen berücksichtigt werden. Einerseits soll der differenzierte, natürliche Lebensraum der Gewächse dargestellt werden, andererseits will man alle einzelnen Pflanzen erhalten. Ein allzu vehementer Wettbewerb sollte dabei jedoch vermieden werden, was durch verschiedene Maßnahmen erreicht werden kann.

Wird ein Glashaus bepflanzt, ist auf das Raumbedürfnis der einzelnen Pflanzen zu achten, das heißt mutmaßliche Wachstumsgeschwindigkeit und Größe werden abgeschätzt. Raschwüchsige Arten müssen immer wieder zurückgeschnitten und ausgelichtet werden, um den Mitbewohnern ausreichend Licht übrig zu lassen. Mitunter ist ein Wechsel ihres Standortes erfolgversprechend. Eine Veränderung der Wasser- und Düngegaben ermöglicht ebenfalls, die Intensität des Wachstums zu beeinflussen. So kann es verzögert werden, indem man die Intervalle zwischen den Volldüngergaben verlängert. Zu starkes Licht wird durch Schattieren gemildert, umgekehrt kann ein zusätzlicher Scheinwerfer von Nutzen sein. Früher benützte man Holzrollmatten, die händisch durch die Kadetten der k.u.k Marine aus- und eingerollt wurden. Am Beginn ihrer Geschichte wurde bei Glashäusern häufig grünliches Glas verwendet, was jedoch den großen Nachteil hatte, daß die für Pflanzen lebensnotwendigen Farbanteile, besonders die Rot- und Blautöne, mitabsorbiert wurden und somit verlorengingen. Das Schattieren hat auch den Zweck, die Brennglaswirkung von gewölbten Scheiben zu verhindern, weil dadurch „Brandflecken" an den Blättern entstehen. Vor allem Urwaldpflanzen benötigen überwiegend diffuses Licht.

Die größte Vielfalt an Schlinggewächsen gibt es naturgemäß in den Tropen. Sie fallen nicht nur durch ihre farbenprächtigen Blüten auf, sondern oft auch durch die bunt gefärbten oder gezeichneten Blätter. Diese Emporkömmlinge verwenden oft ihre benachbarten Pflanzen als Kletterhilfe auf dem Weg zum Licht. Unter ihnen befinden sich beispielsweise einige Passionsblumen- und Weinrebengewächse. Die meisten der über 400 Arten von Passionsblumen stammen aus Süd- und Mittelamerika. Es sind Lianen, die mit Sproßranken in die Höhe klettern und oftmals die Pflanzen ihrer näheren Umgebung überwuchern. Die auffälligen Blütenorgane erinnern an die Marterwerkzeuge Christi, daher der Name. Die schöneren, buntblättrigen Arten haben meist kleinere, nicht so auffällige Blüten. Ihre gelben, eiförmigen Früchte sind eßbar und werden auch für die Getränkeindustrie verwendet.

Während der Kastanienwein in der Nordkuppel des Palmenhauses durch seinen kräftigen Wuchs auffällt, sind es in der tropischen Abteilung die beiden Weinrebengewächse *Cissus amazonica* und *Cissus discolor*, die hier ihre bunten Blätter zur Schau stellen. Der dekorative *Cissus discolor* stammt aus dem tropischen Java. Seine bis 15 cm großen samtigen, purpurvioletten oder silbergrau marmorierten Blätter leuchten an der Unterseite dunkelrot. Aber auch der *Cissus amazonica*, der sich in den Zweigen eines schmalblättrigen Gummibaumes ausbreitet, zählt mit seinen blaugrauen, silbrig gezeichneten Blättern, die an der Unterseite rot gefärbt sind, zu den besonders schönen Blickfängen.

Die Blüten der Passionsblume erinnern an die Marterwerkzeuge Christi

Cissus amazonica – ein Weinrebengewächs: Rote Blätter, doch keine Trauben

Unter den Kletterpflanzen des Palmenhauses bilden solche ungewöhnlichen Lebensformen jedoch die Ausnahme. Als einen Vertreter der urwüchsigen, ungefährdeten Arten kann man das Kapgeißblatt aus der großen Mittelabteilung nennen. Es ist in Südafrika beheimatet, während die Wachsblume, die Hibbertie und das Blauglöckchen die Flora Australiens bereichern. Das Kapgeißblatt strebt grundsätzlich hoch hinaus. Seine zahlreichen dünnen, lianenähnlichen Triebe, die auch schnurförmig nach unten hängen können, bedecken im Palmenhaus vollständig die Säulen. Im Spätsommer erscheinen an den Triebspitzen die leuchtend orange-roten Blüten. In den Wintermonaten verliert dieser kletternde Afrikaner die meisten seiner zarten Fiederblätter. Damit im folgenden Jahr wieder die volle Blütenpracht erscheint, muß er im Spätherbst stark zurückgeschnitten werden. Als Kübelpflanze ist das Kapgeißblatt sehr zu empfehlen, wenn es in den Sommermonaten einen Platz in der freien Sonne erhält.

Die zierliche Wachsblume in der Mittelabteilung des Palmenhauses kommt aus Australien. Die Kletterpflanze mit den dickfleischigen, breiten und zugespitzten Blättern hat zarte, rosa-weiße Sternchenblüten, die in Dolden herabhängen. Im Winter liebt es die Wachsblume trocken und kühl. Sie sollte nur umgesetzt werden, wenn es unbedingt notwendig ist, um ihre Blühfreudigkeit zu erhalten. Zusammen mit der zitronengelben Hibbertie und dem Blauglöckchen rankt sie sich mit ihren Blüten im Frühjahr um die Säulen der Mittelabteilung.

Die breite Palette an Kletterpflanzen ist im Palmenhaus wahrhaftig beeindruckend. Dabei handelt es sich um zwei völlig verschiedene Prinzipien beim Klettern. Während die Ranken berührungsempfindliche Organe sind, deren Oberhaut mit zahlreichen Fühlpapillen ausgestattet ist, die sich auf einen Reiz hin oft rasch in diese Richtung krümmen, beschreibt die Spitze der Windepflanzen völlig autonome, das heißt reizunabhängige Kreise, wobei jedes in den Weg tretende Hindernis umfaßt wird. Eine Stütze

Erinnerung an Südafrika: Das üppig blühende Kapgeißblatt

Die Solandra sucht sich ihren Weg entlang der Architektur.

von der abgekehrten Winderichtung bleibt dabei völlig unbeachtet. Dornen und Stacheln können den Gewächsen das Klettern erleichtern. Der Philodendron (griechisch „Baumfreund“, weil er ohne zu parasitieren die Bäume hochklettert) und sein naher Verwandter, das Fensterblatt (*Monstera*), besitzen an ihrem oberen Ende durchbrochene oder zerteilte Blätter, um den weiter unten liegenden auch etwas Licht zukommen zu lassen.

Beliebte Kletterer, die aus den kühleren Regionen Nord- und Südamerikas stammen, findet man in der mittleren Abteilung: Bougainvillea (Drillingsblume), Solandra, Gelsemium und die Manettie. Die Blüten letzterer sind überaus zierlich, sie ist mit unserem Labkraut und dem Kaffeestrauch verwandt. Ihre länglichen, rot-gelben Blüten erinnern an die Zigarettenblume. Die auffälligste unter ihnen ist die Solandra, der Goldbecher.

Nachdem der kräftig wachsende Kastanienwein in die kühle Kalthausabteilung des Palmenhauses verpflanzt wurde, hat sie seinen Platz eingenommen. Dort kann sie auf der ersten Galerie der großen, temperierten Abteilung ihre riesigen, goldgelben Blüten, die sich im Verblühen braun verfärben, zur Schau stellen. An den Blüten mit einem Durchmesser von über

In allen Farben „blüht" die Drillingsblume – Blätter locken Insekten an.

20 cm wurden Kratzspuren gefunden, daher wird vermutet, daß die Pflanze von Fledermäusen bestäubt wird. Da die Blüten nur nachts duften, wäre es möglich, daß sie mit ihrem Duft die nachtaktiven Flugkünstler anlocken. Die meisten Blüten der Kletterpflanzen sind von den Galerien des Hauses aus besonders gut zu betrachten, was jedoch nur bei den Nachtführungen mit einem Gärtner möglich ist.

Das Gelsemium aus der gemäßigten Mittelabteilung ist in Nordamerika, Mexiko und Guatemala verbreitet. Es hat glockenförmige, gelbe Blüten und kleine, schmale, glänzende Blätter. Der zu den Brechnußgewächsen gehörende Schlinger enthält in seinem Wurzelstock Alkaloide, die in der Homöopathie, vor allem als Mittel gegen Kopfschmerzen, Verwendung finden.

Über der Solandra, auf der zweiten Galerie, sind die Drillingsblumen ausgepflanzt. Diese überaus prächtigen Kletterpflanzen bedanken sich hier mit einer Fülle von leuchtenden Hochblättern bereits im Frühjahr für den besonders sonnigen Standort. Die farbenprächtigen Bougainvilleen stammen aus Brasilien und sind nach dem französischen Admiral und Botaniker

L. A. Bougainville benannt. Heute begeistern sie in südlichen Ländern immer wieder mit ihren feurigen Blüten, die aber keine echten Blüten, sondern sogenannte Hochblätter oder Brakteen sind. Sie übernehmen statt der unscheinbaren echten Blüten das Anlocken von bestäubenden Insekten. Bei näherer Betrachtung merkt man jedoch, daß auch die eigentlichen Blüten beachtenswert sind. Sie sind klein und stehen ebenso zu dritt beisammen wie die großen, bunten Hochblätter – daher der deutsche Name Drillingsblume.

In der mittleren Abteilung des Palmenhauses klettert eine üppigwachsende, weißbunte Art, die aber weniger blühfreudig ist als die grünblättrigen.

Viele Pflanzen, wie zum Beispiel unser einheimischer Efeu, besitzen spezielle Licht- und Schattenblätter, die sich durch ihre Form und durch verschieden stark entwickelte photosynthetisch aktive Gewebe unterscheiden.

Das Licht hat übrigens auch Einfluß auf das Keimen von Samen. So unterscheidet man Lichtkeimer, wie etwa den Tabak und Dunkelkeimer, wie den Ehrenpreis. Ziertabak und Baumveronika sind im Palmenhaus des öfteren zu sehen. Samen von Dunkelkeimern müssen zum Keimen mit Erde bedeckt werden, bei Lichtkeimern ist es umgekehrt.

Für den Gärtner ist auch die Dauer des täglich zur Verfügung stehenden Lichtes von Bedeutung. Dieser Faktor entscheidet bei manchen Pflanzen darüber, ob sie zur Blüte kommen, oder ob sie rein vegetativ weiterwachsen. Es gibt sogenannte Langtagpflanzen, die nur dann blühen, wenn die Zeit des ihnen täglich zur Verfügung stehenden Lichtes eine Mindestdauer überschreitet. Kurztagpflanzen hingegen blühen umso üppiger, je mehr die Dauer ihrer Nachtruhe ihrem artcharakteristischen Bedürfnis angepaßt wird. Langtagpflanzen sind zum Beispiel ein Teil unserer Getreide- und Gemüsearten, da in unseren Breiten während der Hauptvegetationszeit die Sommernächte nur kurz dauern. Kurze Tage bevorzugen hingegen tropische Kulturpflanzen wie der Weihnachtsstern sowie verschiedene Tabaksorten, weiters Chrysanthemen und manche Kalanchoearten, die ebenfalls im Wiener Palmenhaus anzutreffen sind. Weihnachtssterne etwa werden mit „Dunkelhaft“ auf Kommando zum Blühen gebracht. Ihre „Blüten“ sind übrigens ebenfalls Hochblätter. Es gibt aber auch tagneutrale Gewächse, bei denen die Tageslichtlänge ohne Einfluß auf die Blütenbildung ist. Manche Pflanzen, wie zum Beispiel Ehrenpreis und Efeu, bilden nur im Licht, nicht dagegen an schattigen Standorten Blüten aus, was wahrscheinlich mit der im Licht stärkeren Photosynthese zusammenhängt.

Auch in der kühlen Nordabteilung des Palmenhauses wachsen einige Kletterpflanzen. An einer Säule rankt sich die Muehlenbeckie, ein kriechender bis kletternder Strauch, dessen dünne Triebe kleine, zierliche Blätter tragen. Dieses Knöterichgewächs liebt es feuchtkühl, fühlt sich daher in der

Nur bei einer Nachtführung darf die Wendeltreppe begangen werden.

Gesellschaft von Azaleen und Kamelien aus dem asiatischen Raum sehr wohl. Die benachbarte, im östlichen Teil der Abteilung angesiedelte Pflanzengruppe beherbergt den aus Vietnam stammenden Kastanienwein, der wie viele andere eine der Säulen benutzt, um dem Licht näherzukommen. Die Blätter des Kastanienweins sind dunkelgrün, meist fünfzählig wie ein Roßkastanienblatt und an der Unterseite rostbraun und filzig. Diese dankbare Kletterpflanze eignet sich bestens für große, kühle Wintergärten und wird nur selten von Schädlingen befallen. Ihre grünlichen Blüten sind eher unscheinbar und bilden leider keine fruchtigen Trauben aus.

Was sich dem Besucher, der diese üppigen Kletterpflanzen bestaunt, als ein harmonisches Miteinander präsentiert, ist in Wirklichkeit das Ergebnis eines durch den Gärtner gelenkten Kampfes um das lebensnotwendige Licht.

Exotische Nutzpflanzen

Für Botaniker und Pflanzenfreunde bietet das Schönbrunner Palmenhaus wahre Schätze an tropischen Nutzpflanzen. Nicht nur die Palmen sind in mannigfacher Weise für den Menschen nützlich, eine Fülle von weiteren Pflanzen liefert ebenfalls Nahrung für die Menschen. Einige von ihnen wurden bereits vor Jahrhunderten von den Europäern entdeckt und hierher gebracht, wo sie entweder Eingang in unsere Küche fanden oder sogar angebaut werden konnten.

Marco Polo war einer der ersten, der von seinen Reisen in den Fernen Osten nicht nur spannende Geschichten, sondern auch Gewürze aus China und Indien mit nach Hause brachte. Mit der Entdeckung Amerikas im Jahr 1492 begann nicht nur eine neue Epoche, es war auch jene Zeit, in der viele exotische Pflanzen erstmals nach Europa gelangten. Die Spanier hatten zwar kaum Gewürze im Gepäck, aber neben vielen Goldschätzen auch Kostbarkeiten, ohne die die europäische Küche nicht nur um vieles ärmer, sondern auch viel weniger nahrhaft wäre. Zu diesen ersten exotischen Nutzpflanzen zählen vor allem die Kartoffel, der Mais und die Tomate, die in Europa im Lauf der Zeit einen regelrechten Siegeszug antraten. Erst später folgten Kaffee und Kakao sowie aus Asien der Tee.

Nach der zweiten Türkenbelagerung (1683) gelangte ein besonderes Genußmittel nach Wien: der Kaffee, der seither aus unserem täglichen Leben nicht mehr wegzudenken ist. Tatsächlich soll der in Wien tätige Botaniker Clusius schon 1595 Kaffee aus Ägypten erhalten haben. Somit könnte

Köstliche Sonderverpflegung
für müde Gärtner: Papaya-Früchte

er der erste Europäer gewesen sein, der dieses Getränk versuchte. Im Jahr 1616 war der Kaffee bereits in Venedig bekannt. Wie viele andere exotischen Schätze war auch dieses Genußmitel lange Zeit nur für wohlhabende Bürger erschwinglich. Erst Mitte des 19. Jahrhunderts konnte sich eine breitere Bevölkerungsschicht dieses Getränk leisten.

Viele Kaffeeliebhaber vermuten die Heimat des Kaffees in Brasilien. Ein hoher Prozentsatz der Weltkaffeernte kommt heute von dort wie auch aus einigen weiteren Ländern Süd- und Mittelamerikas. Tatsächlich wurde diese Pflanze aber erst Anfang des 18. Jahrhunderts nach Südamerika gebracht. Die eigentliche Heimat des Kaffeestrauches liegt in Arabien. Das Hochland von Abessinien dürfte die engere Heimat von *Coffea arabica*, der am häufigsten angepflanzten Art, sein. Heute wird Kaffee in vielen Tropenländern auf Plantagen großflächig kultiviert. Auch auf Hawaii, wo er die Ananas und das Zuckerrohr verdrängt, werden eigene Sorten angepflanzt. In Afrika zieht man hingegen *Coffea canephora* und *Coffea liberica*. Keine dieser Arten erreicht jedoch die Bedeutung des Kaffees aus Arabien. Dort dürfte das aromatische Getränk wohl schon im 15. Jahrhundert konsumiert worden sein.

In der Südabteilung des Wiener Palmenhauses gedeiht ein prächtiger Kaffeestrauch. In der Natur wächst er etwa sieben Meter hoch. Um die Ernte zu erleichtern, werden die Pflanzen beschnitten. Die waagrecht angeordneten Zweige tragen immergrüne, glänzende Blätter, die bei Pflanzen in nährstoffreichen Böden bis zu 30 cm lang werden können. In den Blattachseln bilden sich viele duftende weiße, bis 2 cm große Blüten. Die kirschähnlichen Früchte, mehr länglich als rund, brauchen bis zu ihrer Reife etwa acht Monate. In der Regel enthält jede Frucht zwei Samen, die sogenannten Kaffeebohnen. Mitunter entwickelt sie auch nur einen einzigen. Der daraus gewonnene Perlkaffee gilt als Besonderheit und hat daher auch seinen Preis.

Der anregende Koffeingehalt der Samen von *Coffea arabica* beträgt bis zu 1,5%. Die koffeinreichste Pflanze heißt allerdings *Paullinia cupona* und ist ein Seifenbaumgewächs aus dem Amazonasgebiet.

Zur Aufbereitung des Kaffees, der Trennung der Samenkerne vom Fruchtfleisch, wendet man zwei verschiedene Verfahren an. Im Trockenverfahren breitet man die Kaffeekirschen großflächig in der Tropensonne aus, um sie anschließend zu schälen und die Samen von Fruchtfleisch und Samenschale zu befreien. Beim Naßverfahren müssen die Samen stattdessen maschinell vom Fruchtfleisch befreit und nach einem kurzen Gärungsprozeß schließlich gänzlich mit Wasser gereinigt werden. Danach erst läßt man sie an der Sonne trocknen.

Jedenfalls kann sich der Europäer heute ein Leben ohne Kaffee nicht mehr vorstellen. Sogar in England, dem Land der Teetrinker, wurde bis 1876 noch hauptsächlich Kaffee getrunken. Das Weltreich bezog ihn von den großen Plantagen seiner Kolonien. Eine dort wütende Pilzkrankheit brachte die

Türkischer Import – Kaffeekirschen

Nation jedoch zum Umdenken. Statt Kaffee pflanzte man Tee – und siehe da: er wurde zum Nationalgetränk!

Der Name *Coffea* wie auch Kaffee soll sich von Kaffa, einer Region in Äthiopien, ableiten, aber auch das türkische Cave könnte der sprachliche Ursprung sein. Die Bezeichnung Mokka stammt jedoch eindeutig von der arabischen Hafenstadt Mukka, wo der Kaffee gehandelt und verschifft wurde. Kleine Kaffeebäume lassen sich leicht in Wohnbereichen bei + 20° C bis + 25° C kultivieren und sogar zum Blühen und Fruchten bringen.

Viele Jahre nach dem Siegeszug des Kaffees sollte ein anderes Getränk die Welt erobern: Coca Cola. Den besonderen Inhaltsstoff des bei der Jugend so beliebten Getränkes liefert der Kolabaum. Er ist im tropischen Westafrika von Togo bis Angola verbreitet und wird dort von den Eingeborenen seit langer Zeit genutzt. Seine Samen liefern den Geschmackstoff, der dem Getränk zu seiner weltweiten Verbreitung verholfen hat. Der Baum trägt bis zu 15 cm lange Blätter und an den Enden älterer Zweige gelbweiße bis rote Blüten. Die eiförmigen Früchte beinhalten fünf bis neun Samen, die sogenannten Kola-Nüsse. Sie enthalten Stärke, Zucker, Eiweiß und Fett, zwei Prozent Coffein und in geringen Mengen auch Theobromin. Diese Substanz ist neben weiteren, streng geheim gehaltenen Zusätzen für den Geschmack von Cola-Getränken verantwortlich. Meist wird noch ein Zusatz aus Kokablättern, denen das Kokain entzogen wurde, beigefügt.

Der Kolabaum gehört zu den Sterkuliengewächsen. Typisch für die Bäume dieser Familie sind etwa die sternförmig angeordneten Früchte. Weil manche Arten der Sterkuliengewächse unangenehm riechen, werden sie im Deutschen auch Stinkbaumgewächse genannt. In der Tropenabteilung des Palmenhauses war neben dem Kolabaum vor einigen Jahren auch noch ein Kokastrauch zu sehen. Nicht lange jedoch, denn „Pflanzenliebhaber" beraubten ihn sämtlicher Blätter. Aus diesem Grund wächst der Kokastrauch heute im Verborgenen ...

Seine Blätter liefern das Arzneimittel Kokain, das vielen Schwerkranken Schmerzlinderung bringt, aber leider auch als gefährliches Rauschmittel verbreitet ist.

Lange vor den Cola-Getränken schätzten Kinder ein Getränk, das ebenso nahrhaft wie köstlich war – den Kakao. Ein Kakaobaum – ebenfalls ein Sterkuliengewächs – ist gleich neben dem Kaffeebaum zu sehen. Er stammt ursprünglich aus Mittel- und Südamerika. Die größten Anbauflächen gibt es in Afrika, besonders in Ghana. Die kleinen weißgelben Blüten wachsen direkt am Stamm oder an starken Zweigen des bis zu 12 Meter hohen Baumes. Die Früchte, die über dreißig Zentimeter Länge und eine Breite von bis zu 12 Zentimetern erreichen, werden zur Reifezeit gelborange bis purpurrot. An die siebzig gurkenähnliche Früchte kann ein Kakaobaum jährlich tragen. Die Blätter des Baumes sind dunkelgrün und länglich zugespitzt. Ungewöhnlich und apart ist der kupferfarbene büschelförmige Neuaustrieb.

Kakaobaum mit jungen Früchten – direkt am Stamm!

Bereits die Ureinwohner Süd- und Mittelamerikas pflanzten Kakaobäume und stellten aus deren Samen ein Getränk her. Durch einen Gärungs- und Fermentierungsprozeß werden die Samen, die „Kakaobohnen", vom Fruchtfleisch getrennt. Die dabei entstehende Wärme beeinflußt den Geschmack der Kakaobohnen maßgeblich, Bitterstoffe werden dabei abgebaut. Durch das Auspressen der Samen wird die köstliche Kakaobutter gewonnen, die neben Milch und Zucker ein Hauptbestandteil der Schokolade ist. Weiteres Trocknen und Mahlen liefert schließlich das schmackhafte, sehr begeehrte Kakaopulver. Die großen Kakaobohnen sind fettreich (ca. 50 Prozent), zusätzlich enthalten sie Eiweiß und Stärke sowie die anregenden Inhaltsstoffe Theobromin und etwas Coffein.

Die Kakaobohnen wurden bei den Azteken und Mayas als Zahlungsmittel und Tauschobjekte verwendet und entsprachen dem Wert von Gold. Unsere Schokolade leitet sich von „chocolatl" aus dem Sprachschatz der Ureinwohner ab. Wie so vieles brachten die Spanier die Kakaobohnen nach Europa und bereiteten daraus, genau wie die Indios, ein Getränk. Der Kakao wurde zuerst durch Beigabe von Zucker geschmacklich verbessert. Die Engländer fügten ihm dann Milch bei, so entstand schließlich das nährstoffreiche Getränk. Genuß dürfte auch der legendäre Botaniker Carl von Linné beim Trinken von Kakao empfunden haben. Er gab dem Kakaobaum den botanischen Gattungsnamen *Theobroma*, die Götterspeise.

Zu weiteren beliebten, früchteliefernden Tropenpflanzen zählt die Banane. Bananengewächse sind meist große Stauden, deren Scheinstamm nur von den Blattstielen gebildet wird und innen kein Holz enthält. In dieser attraktiven Familie gibt es auch die Zierbanane (Ensete), die Strelitzien (Vogelblumen), der Baum der Reisenden und die überaus dekorativ blühenden Heliconien.

Die Obstbanane (*Musa x paradisiaca*) ist eine Kulturform, die aus vielen Wildformen hervorgegangen ist. Mit ihren langen, breiten Blättern ist sie eine Zierde des Wiener Palmenhauses. An ihrem natürlichen Standort wirkt sie jedoch weit weniger attraktiv, da ihre sehr weichen, dünnen Blätter dem Wind ausgesetzt sind und leicht einreißen.

Bananen wachsen sehr rasch, nach etwa neun Monaten erscheint bereits der Blütenstand und wenig später der bis zu 1,5 Meter lange Fruchtstand. Die kleinen gelben Blüten werden von rosa-violetten Tragblättern tropfenförmig umschlossen. Nach dem Abfallen der Hochblätter kann man die fingerförmigen Früchte, die in einer „Hand" beisammen stehen, sehen. Der Name ist arabischen Ursprungs, denn „banan" bedeutet Finger. Der Gattungsname soll nach Antonius Musa, dem Leibarzt von Kaiser Augustus, gewählt worden sein. Andere leiten ihn vom biblischen Moses ab.

Aus dem Fruchtknoten der weiblichen Blüten bilden sich ohne Befruchtung, durch sogenannte Jungfernzeugung (Parthenogenese), die schmackhaften Früchte. Jede Bananenpflanze bildet nur einen einzigen Fruchtstand

Bananenfruchtstand –
ist die Krümmung
„EU-konform“? ...

aus, danach stirbt der dicke, fleischige, sehr wasserhältige Scheinstamm ab. Er wird kompostiert und so wieder in den natürlichen Kreislauf einbezogen.

Kulturbananen bilden keine Samen aus. Sie werden daher, ähnlich wie Bromelien, durch Bodentriebe vermehrt. Zu den wichtigsten Bananenproduzenten zählen Ecuador, Brasilien, Honduras und Costa Rica.

1882 gelangten die ersten Bananen nach England, genau zu jener Zeit, als das Palmenhaus im Schloßpark Schönbrunn fertiggestellt worden war, in dem auch etwas später die tropischen Bananen blühten und fruchteten.

Für kleinere Gewächshäuser ist die Zwergbanane zu empfehlen. Ihre zierlichen Früchte sind äußerst schmackhaft. Bereits 1510 wurde sie von den Portugiesen auf die Kanaren gebracht, wo sie heute großflächig kultiviert wird. Erst später gelangte sie auch nach Südamerika. Bemerkenswert ist, daß auch die Bananen, die heute in weiten Teilen Mittel- und Südamerikas angepflanzt werden, ursprünglich in diesen Gebieten nicht beheimatet waren.

Ein Liebling der Pflanzenfotografen steht in der mittleren, gemäßigten Tropenabteilung des Schönbrunner Palmenhauses: die Zierbanane. Sie stammt aus Afrika, wo sie in kühleren Regionen bis in eine Höhe von etwa 2500 Metern anzutreffen ist. Die prächtige Blattpflanze, deren große Blätter eine rötliche Mittelrippe ziert, wird über die Sommermonate als Solitärpflanze gerne im Freien ausgesetzt oder aufgestellt. Mit ihrem großen, rötlich-braunen Blütenstand fällt sie jedem Besucher sofort auf und ist daher ein beliebtes Fotoobjekt. Im Gegensatz zu den eßbaren Kulturbananen bildet sie keine Bodentriebe aus, wohl aber Samen.

Ebenfalls in der Mittelabteilung des Palmenhauses hat die baumartige Vogelblume (*Strelitzia alba*) aus Südafrika bereits eine beachtliche Höhe erreicht. Ihre großen, weißen Blüten erscheinen meist erst an älteren Pflanzen. Wesentlich attraktivere, orange-blaue Blüten – daher auch ihr Name Paradiesvogelblume – bringt die beliebte *Strelitzia reginae* hervor, deren lange, haltbare Blüten für Blumengestecke gut geeignet sind.

Der Baum der Reisenden zählt nicht nur in seiner Heimat Madagaskar zu den auffälligsten Blattpflanzen, sondern auch in der Südabteilung des Palmenhauses. Das baumförmige Bananengewächs trägt am Ende des bis zu 30 Meter hohen Scheinstammes zweizeilig angeordnete breite, den Bananen ähnliche Blätter. Die Blattkrone zeigt mit der Ebene ihrer Blattspreite angeblich häufig in Nord-Süd-Richtung und wird daher als Kompaß betrachtet. Das Wasser, das sich in den Blättern sammelt, soll schon so manchen Reisenden vor dem Verdursten gerettet haben.

Die Heimat der Heliconia, deren Namen an den griechischen Berg Helicon, den Sitz der Musen, erinnert, liegt im tropischen Mittel- und Südamerika sowie auf den Pazifischen Inseln.

Im Gegensatz zu ihr zählt der Brotfruchtbaum in der südlichen Abteilung des Palmenhauses zu den wertvollsten Nutzpflanzen. Die großen, glänzenden, fiedrig gelappten Blätter trägt er am Ende der Zweige. Wegen seiner Schönheit, aber auch wegen der nahrhaften Früchte, wird er häufig angepflanzt. Die etwa kopfgroßen, 1 bis 2 kg schweren Sammelfrüchte sind äußerst stärkehaltig und zuckerreich, sie gehören zu den wichtigsten Grundnahrungsmitteln in den Tropen. Der Brotfruchtbaum ist auf den Molukken sowie in Neuguinea beheimatet. Zu seiner Verbreitung trugen die Polynesier bei, die auf ihren weiten Bootsreisen neben Kokosfrüchten und Bananenschößlingen auch Brotfrüchte mitführten. Der Brotfruchtbaum ist mit dem Jackfruchtbaum nahe verwandt und gehört mit ihm zu den Maulbeergewächsen.

Eine Pflanze, die uns das Leben im wahrsten Sinn des Wortes versüßt, ist das Zuckerrohr, das große Bedeutung als Nahrungsmittellieferant hat. Seit einiger Zeit ist es wieder in der tropischen Abteilung des Palmenhauses zu sehen. Wie der Bambus zählt es als ein Mitglied der riesigen Pflanzenfamilie der Gräser, die mit etwa 10 000 Arten weltweite Verbreitung erreicht hat. In Mitteleuropa sind mehr als 200 Grasarten bekannt. Wie bei vielen anderen Kulturpflanzen, die aus Zuchtformen hervorgegangen sind, kennt man auch die Heimat der Wildform des Zuckerrohres nicht, denn das süße Riesengras wird seit mehreren tausend Jahren kultiviert. Heute wird sein Ursprung in Neu-Guinea vermutet.

Begleiter von Alexander dem Großen berichteten aus Indien von einem „festen Honig", der nicht von Bienen stamme. Theophrast wiederum schreibt von einem „süßen Salz" aus einer rohrartigen Pflanze. Durch die Araber wurde das Zuckerrohr zwischen 700 und 900 n. Chr. im Mittelmeerraum verbreitet. Spanier und Portugiesen brachten die Pflanze auf die Kanarischen Inseln und schließlich nach Westindien. Im Altertum wurde Rohrzucker nur als Heilmittel verwendet, sonst war er für die meisten unerschwinglich.

Zum Kultivieren von Zuckerrohr wird eine Temperatur von + 18° C benötigt und daher wird das „süße Gras" meist nur innerhalb des Tropengürtels angepflanzt. Lange Zeit war Kuba führend in der Rohrzuckergewinnung. Die Pflanze erreicht eine Höhe von ca. sechs Metern, ihre zuckerspeichernden Stengel können bis zu sieben Zentimeter dick werden. Die Blüten sind zu einer Rispe vereint und das Mark der Halme enthält 13 bis 20 Prozent Rohrzucker. Da das Zuckerrohr zu den Kurztagpflanzen gehört, blüht es – wenn überhaupt – nur innerhalb der Wendekreise, wo die Tageslänge nicht mehr als zwölf Stunden beträgt. Der Anbau der Pflanze erfolgt durch Auslegen von Sproßstücken in den Boden. Nach etwa zehn bis vierzehn Monaten, wenn die bis zwei Meter langen Blätter gelb werden und die Halme den höchsten Zuckergehalt aufweisen, wird geerntet. Bei entsprechender Düngung kann dies bis zur Neupflanzung vier- bis achtmal pro Jahr geschehen.

Die Halme werden sofort nach der Ernte zerkleinert, zerquetscht und anschließend ausgepreßt. Nach der Reinigung wird der Zuckersaft durch Kochen eingedickt und raffiniert. Die Melasse, so wird der flüssige Rückstand genannt, enthält noch bis zu 40 Prozent Zucker. Sie wird einerseits als wertvolles Futtermittel, andererseits zur Herstellung von Rum verwendet.

Unter den exotischen Nutzpflanzen, die immer häufiger auf heimischen Märkten zu finden sind, ist auch der Rosenapfel. Ein prachtvolles Exemplar steht in der Südabteilung des Palmenhauses. Dieser Baum stammt aus Südostasien und gehört zu den schönsten tropischen Nutzpflanzen. Wie bei den meisten Myrtengewächsen lenken auch hier die eindrucksvollen Staubgefäße die Aufmerksamkeit des Betrachters auf sich. Sie gleichen weißen kugelförmigen Rasierpinseln. Die birnen- bis eiförmigen Früchte duften nach Rosen, schmecken sehr aromatisch und werden gerne zu Gelee verarbeitet.

Paradeiser vom Baum: Die Baumtomate

Köstliche Früchte spendet auch der Melonenbaum. *Carica papaya* ist ein Melonenbaumgewächs, das unter der Südkuppel des Palmenhauses gedeiht und im tropischen Amerika beheimatet ist. Die wohlschmeckenden, etwa kopfgroßen, melonenähnlichen Früchte wiegen etwa ein halbes Kilogramm, mitunter können sie aber auch bis zu 5 kg schwer werden. Der hohe Gehalt an eiweißspaltendem Papaiin macht die Papayas sehr gesund. Daher sollten sie häufiger in unseren Obstkörben zu finden sein! Mit den eigentlichen Melonen ist dieser Baum aber nicht verwandt, denn diese zählen zu den Kürbisgewächsen.

Die Guave ist in den Tropen und Subtropen ein beliebter Obstbaum, der ursprünglich von Mexiko bis Brasilien verbreitet war. Seine gelben, apfelähnlichen Früchte sind vitaminreich und werden zu Säften und Marmeladen verarbeitet. Ein kleiner, etwa drei Meter hoher Guavebaum wird zur Zeit im Sonnenuhrhaus von Schönbrunn großgezogen. Sobald er Früchte tragen wird, darf er in die große Amerikagruppe des Palmenhauses übersiedeln.

Zur gleichen Gattung gehört die Erdbeer-Guave, die kleinere und rötlichbraune Früchte hat. Dieser Strauch mit seiner dunkelgrünen, ledrigen Belaubung wurde im Palmenhaus in der Nähe der Tomatenbäume ausgepflanzt. In vielen wärmeren Gebieten, wie auf den Galápagosinseln, aber auch auf Hawaii, hat er sich durch „Verwildern“ große Landgebiete erobert.

Die meisten Besucher des Wiener Palmenhauses sind erstaunt, daß es hier auch Paradeiser gibt, die auf kleinen Bäumen wachsen. Es sind dies die orange-roten, länglichen Früchte der Baumtomate, die südamerikanische Verwandte unserer beliebten Salatfrucht. In ihrer Heimat und in vielen subtropischen Ländern werden sie zu aromatischen Säften und Marmeladen verarbeitet. Roh gegessen entsprechen die süßlichen Früchte aber kaum dem mitteleuropäischen Geschmack. Der zierliche Baum mit seinen großen, herzförmigen Blättern und kleinen, weißen Blütenständen, erreicht eine Höhe von etwa drei Metern. Für kühle Wintergärten ist er besonders der schmückenden Früchte wegen eine attraktive Bereicherung.

Wie die Baumtomate kommt auch die japanische Wollmispel, die in der Kalthausabteilung wächst, aus kühleren Regionen. Sie ist in den Mittelmeerländern ein beliebter, ziemlich anspruchsloser Zierbaum. Die Früchte der Loquate, wie die Wollmispel auch genannt wird, schmecken erfrischend und ähneln kleinen Marillen. In Italien werden die gelben Früchte als „Nespoli“ auf den Märkten verkauft. Die dunkelgrüne Belaubung des kleinen Baumes wirkt sehr hübsch. Als Kübelpflanze verträgt die Wollmispel bis zu – 8° C und kann daher sehr lange im Freien gehalten werden.

Der palmenähnliche Ameisenbaum (*Cecropia*) und die Trevesie, die wegen ihrer besonders schönen ornamentalen Blätter dem Besucher ins Auge sticht, sind ebenfalls in der wärmsten Abteilung des Hauses zu bewundern. Kaum dem Menschen, doch Tieren ist der Ameisenbaum nützlich. Er trägt wie die Trevesie große, handförmig geteilte Blätter an langen Stielen. Als Solitärpflanze an Flußufern wachsend, wirkt er ähnlich elegant wie die schlanken, hohen Palmen. In seinen knotigen Stämmen und dickeren Ästen bildet er Hohlräume, die Ameisen als Lebensraum dienen.

An den Ansätzen ihrer Blattstiele bilden die Pflanzen halbkugelige Nektardrüsen, „Müllerschen Körperchen“ genannt. Diese produzieren eine kohlenhydrat-, eiweiß- und fetthaltige Masse, die den Ameisen als Nahrung dient. Stets um ihre Nahrungsquelle besorgt, verteidigen sie ihren Baum, der bevorzugt an Flußufern wächst.

Dekorativer Lieblingsbaum der Ameisen

„Laufender“ Baum: Die Stelzwurzeln der Schraubenpalme

Stößt etwa ein Boot an einen solchen Baum, lassen sich schlagartig tausende Ameisen fallen und bekämpfen Eindringlinge mit ihrem Gift. Für Menschen und die meisten Tiere kann das ziemlich gefährlich werden.

Einer jedoch hat gelernt, sie zu überlisten: das sprichwörtlich bekannte Faultier. Fast die ganze Zeit seines Lebens schläft es vom Baum hängend und erweckt sogar den Eindruck, zum Fressen zu faul zu sein. Doch im Zeitlupentempo schiebt das Faultier Blatt für Blatt in seinen Mund – so langsam, daß es die Ameisen gar nicht bemerken ...

Die Cecropie gilt in den Tropen als eine rasch wachsende Pflanzen. Nach Rodungen ist sie eine der ersten, die wieder erscheint, da sie sich durch ihr schnelles Wachstum besser als ihre Konkurrenten im Kampf um den begehrten Lebensraum durchsetzen kann. Das Holz der durch die Hohlräume leichten Stämme wird zum Bau von Flößen und Musikinstrumenten verwendet.

Ein Verwandter des Ameisenbaumes ist der Papiermaulbeerbaum, der in Asien verbreitet ist. Es ist der Baum, aus dem vor etwa 2000 Jahren in China Papier erstmals hergestellt wurde. Ein Exemplar davon steht im Botanischen Garten von Schönbrunn.

Zum großen Reichtum der tropischen Nutzpflanzen in Schönbrunn gehört der Orleanstrauch, auch Achote oder Annatto genannt. Er verdankt seinen Namen dem spanischen Kapitän Francisco de Orellana, dem Entdecker des Amazonas. Der in Mittelamerika beheimatete Strauch oder kleine Baum ist seit langer Zeit eine wichtige Färbepflanze der Eingeborenen. Die kastanienähnlichen Früchte enthalten 30 bis 50 Samen. Aus diesen wird ein gelber, orange bis rötlicher Farbstoff gewonnen, der heute zum Färben von Lebensmitteln wie Butter oder Käse verwendet wird. Von den Indianern am Amazonas und Orinoko wird er zur Gesichts- und Körperbemalung benutzt. Auch in der Kosmetik findet der Farbstoff des Orleanstrauches Verwendung. So verdanken etwa Lippenstifte ihren Farbstoff zum Teil heute noch den Früchten dieses Strauches.

Einer der dekorativsten Bäume der Südeseeinseln ist der Schraubenbaum. Dort wächst er meist in Gruppen, einzeln stehende Bäume sind ähnlich attraktiv wie Palmen. Er erreicht zwar nicht die Höhe einer Kokospalme, aber besonders durch seine hohen Stützwurzeln und den schopfartigen Aufbau seiner Seitenäste ist er ebenso beachtenswert. Schraubenbäume, von denen über 600 Arten bekannt sind, besiedeln häufig Küsten-, aber auch tropische Waldgebiete. Ihre langen, schmalen Blätter drehen sich schraubenförmig um den Stamm, was ihnen zu ihrem Namen verholfen hat. Die oft kopfgroßen Früchte mancher Arten sind genießbar, ihr Geschmack ist apfelähnlich. Die Blätter werden zum Dachdecken genutzt und finden als Flechtmaterial Verwendung.

Am Tropentümpel der Südabteilung des Palmenhauses wachsen einige schöne Schraubenbäume. *Pandanus sanderi*, der größte unter ihnen, hat fünf bis sechs Zentimeter breite, bestachelte Blätter mit goldgelben Längsstreifen. Einer der schönsten hingegen ist *Pandanus utilis* aus Madagaskar. Bei ihm ist der schraubenförmige Wuchs besonders auffällig. Verstärkt wird die Wirkung dieses Baumes noch durch die rote Bestachelung seiner Blattränder. Im Sonnenlicht kommt die Schönheit dieses Schraubenbaumes ganz besonders zur Geltung.

Schraubenbäume mit ihren auffälligen Stelzwurzeln können sogar „laufen". Da auf Koralleninseln, wo viele von ihnen beheimatet sind, starke Winde den Sand, in dem sie wurzeln, wegtreiben, suchen sie mit neusprießenden Stelzwurzeln auf der windabgewandten Seite wieder Halt. So „laufen" sie etwa einen Meter im Jahr.

Auch die Freycinetie gehört zur Familie der Schraubenbaumgewächse. In ihrer Heimat Java lockt ihr unangenehmer Geruch Fledermäuse an, die dann als Bestäubungspartner fungieren. Im Palmenhaus gedeiht sie am Rand des tropischen Wasserbeckens und fällt durch rote Hochblätter, die von kleinen Blütenständen umgeben werden, auf.

Nicht weit davon entfernt, wächst ein kleiner, unscheinbarer Strauch, der im 16. Jahrhundert eine nicht unerhebliche Bedeutung in der Heilkunde hatte. Sein heilbringendes Holz wurde „mit Gold aufgewogen", genauer gesagt mit Golddukaten. Es ist ein Pockholzbaum, der von Westindien bis Venezuela und Kolumbien verbreitet ist. Die Blätter dieses zu den Jochblattgewächsen zählenden Baumes sind ledrig und eher unscheinbar, aber seine langgestielte, blaue Blüte ist die Nationalblume Jamaikas. Bis zu Beginn des 20. Jahrhunderts wurden die Inhaltsstoffe seines Holzes zur Heilung der damals sehr stark verbreiteten Syphilis verwendet. Mit der Entwicklung von Salvarsan, einer organischen Arsenverbindung, verlor das „Franzosenholz" seine medizinische Bedeutung zur Bekämpfung von Syphilis. Heute wird das Harz des Baumes zur Gewinnung eines schleimlösenden Mittels gewonnen. Sein Holz zählt zu den härtesten Tropenhölzern.

Ein interessanter Verwandter des Pockholzes ist die *Porliera hygrometrica*. Ihre winzigen Blättchen, die aus kurzen, dornigen Zweigen sprießen, nehmen bei feuchter Witterung eine Art Schlafstellung ein. Dieser zierliche Strauch mit seinen gelben Blüten ist von Westindien bis Venezuela verbreitet. Auch das Holz dieser Art wird wirtschaftlich genutzt. Da er aus kühleren Regionen stammt, wird er als Kübelpflanze im Sonnenuhrhaus gezogen und im Sommer im Freien aufgestellt.

Kaum beachtet wächst in der Tropenabteilung ein schlanker, hoher Baum, der Upasbaum, der ebenso wie die Feigenbäume zu den Maulbeergewächsen gehört. Er ist im tropischen Afrika, in Malaysia, auf den Philippinen und bis zu den Fidschi-Inseln verbreitet. Den Eingeborenen liefert der Baum ein in seinem Milchsaft enthaltenes Pfeilgift. Heute findet der toxische Milchsaft – ähnlich wie Digitalis – als Herzmittel in der Humanmedizin Verwendung.

In einer Sage aus den Verbreitungsgebieten des Upasbaumes heißt es, daß jeglicher Kontakt mit ihm schwere Vergiftungen hervorruft und zur Folge haben soll, daß alle Menschen, die unter diesem Baum einschlafen, nie mehr aufwachen. Gottlob ist noch kein Schönbrunner Gärtner unter diesem „gefährlichen" Baum eingeschlummert!

Eine ähnliche Wirkung wird dem Mancinellbaum, einem Wolfsmilchgewächs aus Mittel- und Südamerika sowie Westindien, nachgesagt. Der legendäre Forschungsreisende Nicolaus Jaquin hat bereits im 18. Jahrhundert die Probe aufs Exempel gemacht: Obwohl er sogar während eines Gewitters längere Zeit unter diesem Baum verweilte, schien er keinen Schaden davongetragen zu haben ...

Der Riese unter den nützlichen Gräsern heißt Bambus. Man kann sich nur schwer vorstellen, daß er mit den heimischen Wiesengräsern verwandt ist. Manche tropische Bambusarten können bis zu 40 Meter hoch wachsen, doch nicht erst in vielen Jahren, sondern bereits in wenigen Wochen. Nur an einem einzigen Tag kann mühelos ein Wachstum von über einem Meter erreicht werden. Nicht auszudenken, wenn unser Zierrasen mehr als einen Meter pro Tag in die Höhe sprießen würde ...

Auch im Palmenhaus erreicht ein kräftiger Bambustrieb binnen kurzer Zeit die Kuppel der Tropenabteilung von immerhin 18 Metern. Etwa 1300 Arten lassen die Vielfalt der Bambusgräser erahnen. Ihre größte Verbreitung finden sie in den Tropen und Subtropen, wo sie großflächige Haine bilden. Noch weitere Merkmale unterscheiden den Bambus von anderen Gräsern. Zum einen sind die Halme holzig und langlebig, zum anderen sind die Blätter gestielt. Besonders eigenwillig zeigt sich der Bambus beim Blühen. Bei manchen Arten dauert es 10, 30 oder sogar 60 Jahre, bis es soweit ist. Es ist bis heute nicht bekannt, was eine Bambusart dazu „bewegt", Blüten zu bilden. Wenn es aber geschieht, dann blüht diese Art, wie von einem ferngesteuerten Impuls gelenkt, gleichzeitig auf der ganzen Welt! Nur wenige Arten blühen jährlich. Nach der Blüte stirbt der Bambus und somit ein ganzer Wald derselben Art ab, und es dauert etwa zehn Jahre, bis sich ein neuer aus Bodentrieben bildet. Dies stellt ein beträchtliches Problem für die bereits vom Aussterben bedrohten Pandabären dar, da sie auf Bambussprosse als Nahrungsquelle angewiesen sind.

Kenner und Genießer exotischer Speisen schätzen das Gemüse von jungen Bambussprossen ebenso wie die Früchte, die als „Bambusreis" genossen werden. Die vielfältigen Verwendungsmöglichkeiten mancher Bambusarten führten besonders in Japan zum Aufbau eines beachtlichen Industriezweiges. Dies zeigt sich in der Baubranche mit riesigen Baugerüsten, Brücken und Wasserleitungsrohren ebenso wie in der Möbelproduktion oder bei der Erzeugung von Papier.

Die Verwendung der zierlichen, vielgestaltigen Bambusarten macht nicht zuletzt den besonderen Reiz japanischer Gärten aus. An der Südseite des Palmenhauses kann ein solcher historischer Japanischer Garten mit seinen Bambusgräsern bewundert werden.

Bambuspflanzen könnten, was ihre Beliebtheit anbelangt, einmal zur großen Konkurrenz der in vielen Wohnungen vorhandenen Birkenfeige (*Ficus benjamina*) werden. Die Gattung der Gummibäume, zu der die Birkenfeige gehört, umfaßt mehr als 600 Arten, die überwiegend aus tropischen Regionen stammen. Nur wenige, wie der Feigenbaum oder *Ficus rubiginosa* aus Australien, wachsen auch in kühleren Verbreitungsgebieten.

Von Nord- und Südostafrika bis in den östlichen Mittelmeeraum erstreckt sich hingegen das Territorium der Eselsfeige (*Sykomore*). Sie trägt dunkelgrüne, rauhe Blätter, die in schönem Kontrast zu ihrem graugrün bereiften Stamm stehen. Aus ihrem Holz ließen die Pharaonen ihre Särge fertigen.

Die Blätter des *Ficus lyrata* sind der Leier ähnlich geformt und werden bis zu einem halben Meter lang. Seine Heimat ist das tropische Westafrika. Die kleinsten Blätter bildet die Kletterfeige, die man von Japan über China bis Vietnam findet. Mit Hilfe von Haftwurzeln, ähnlich wie beim Efeu, wächst sie kletternd oder kriechend. Sie eignet sich auch für kühlere Räume gut. Ältere Pflanzen bilden größere Blätter und auch Früchte aus. Diese Altersformen können unter einer Laubdecke im Freien gehalten werden und so die mitteleuropäischen Wintertemperaturen unbeschadet überstehen.

Einer der spektakulärsten Schönbrunner Gummibäume ist *Ficus aspera „Parcellii"*. Seine oberseitig rauhen, nicht sehr großen Blätter zeigen eine hübsche, grün-weiße Marmorierung. Auch die kleinen, grün-rot und weiß

Bambus – das Riesengras

Traumhafter Blütenstand der Medinilla magnifica ...

gefleckten Früchte tragen zu seinem schönen Aussehen bei. Seine Heimat sind die Neuen Hebriden.

Die Früchte der Gummibäume sind für viele Tiere ein beliebtes Nahrungsmittel, was für so manche Tropenpflanze fatale Folgen haben kann. Der Same der verspeisten Frucht landet oft im Gewirr der Äste eines Baumes und beginnt dort auszutreiben. Der üppig wachsende Epiphyt sendet viele Luftwurzeln baumabwärts und umschlingt seinen Trägerbaum häufig so sehr, daß er diesen schließlich zum Absterben bringt. Daher haben diese Gummibäume auch den wenig zärtlichen Namen „Würgefeige" erhalten. Trotzdem kann man sie nicht als Schmarotzer bezeichnen, da die Wurzeln der Gummibäume nicht in die Leitungsbahnen ihres Trägers eindringen und ihm somit keine Nahrung, nur etwas Wasser, rauben.

Ein Wolfsmilchgewächs, der Parakautschukbaum in der tropischen Abteilung, erinnert an die einstige wirtschaftliche Bedeutung der Gummibäume. Im Laufe der Jahre löste er den Gummibaum, bekannt unter *Ficus elastica*, als Hauptlieferant von Gummi oder Kautschuk ab. In ihrer Heimat im Amazonasgebiet wurden die Parakautschukbäume von den Indios „caa huchu" – „weinende Bäume" – genannt. Später entwickelte sich daraus der allgemeine Begriff für Gummi: Kautschuk. Nach dem Ausfuhrhafen Pará in Brasilien heißt dieser Gummilieferant Parakautschukbaum.

So wie heute noch in Europa die Rinde der Föhren angeritzt wird, um Harz zu gewinnen, wird vom Parakautschukbaum Gummi gewonnen. Dabei werden die Bäume kaum nachhaltig geschädigt. Der ausgetretene Milchsaft, der bis zu 33 Prozent Kautschuk enthält, wird mit Schwefelpulver erhitzt (vulkanisiert), und je nach der Menge des zugefügten Schwefels kann Weich- oder Hartgummi erzeugt werden.

Auf ihren Reisen durch Südamerika hatten die beiden großen Naturforscher Alexander von Humbold und A. J. A. Bonpland ballspielende Kinder beobachtet. Wie die Forscher später feststellen konnten, waren ihre Bälle aus der gleichen Masse, mit der die Indios auch ihre Boote abdichteten. Es war der Saft der „weinenden Bäume", den sie für ihre Zwecke nutzten. Gummisaftproduzierende Pflanzen decken den Bedarf an Naturkautschuk heute zu etwa 60 Prozent, die restlichen 40 Prozent werden bereits synthetisch hergestellt.

Die *Medinilla magnifica* ist eine der imposantesten Blütenpflanzen, die in der tropischen Abteilung des Plamenhauses zu bewundern ist. Schon die

... der „Prächtigen"

Ingwergewächse bestechen nicht nur als gewürzliefernde Pflanzen …

dunkelgrünen, bis zu 30 cm langen Blätter wirken anmutig und elegant. Die langen Blütenrispen tragen bis zu 150 rosarote Blüten, die von attraktiven rosafarbenen Tragblättern überdeckt werden. Die Heimat der Medinilla, die zu den Schwarzmundgewächsen gehört, liegt auf der Philippinen-Insel Luzon. Sie ist aber im gesamten tropischen Asien und Afrika verbreitet. Die Gattung umfaßt etwa dreihundert Arten, die zum Teil auch epiphytisch leben. Im Palmenhaus wird sie in Töpfen kultiviert, die in Astgabelungen befestigt oder an Drähten aufgehängt werden und so besonders gut zur Geltung kommen. Denn die einzelnen Pflanzen beginnen zu verschiedenen Zeiten zu blühen, daher kann ihre Blütenpracht mehrmals im Jahr bewundert werden. Über die Wintermonate braucht die Medinilla eine Ruhezeit, sie muß etwas kühler gehalten und weniger gegossen werden, dann bringt sie im Frühjahr wieder ihre prächtigen Blüten hervor. Die Früchte einiger Schwarzmundgewächse sind eßbar. Bei ihrem Genuß färben sich Mund und Zähne schwarz – so kamen die Botaniker auf den Namen dieser Familie.

In der Nähe der Seychellennußpalme wachsen in der Tropenabteilung Ingwerstöcke. Neben dem echten Ingwer, der gewürzliefernden Pflanze, gibt es viele weitere auffällige Gattungen. Die allerschönste in dieser Verwandtschaft ist die in Malaysia beheimatete *Nicolaia elatior.* An langen Stielen trägt sie rosa bis rote, im Verblühen dunkelrote Blütenstände. Ingwer ist seit vielen hundert Jahren ein wichtiger Bestandteil der Küche Asiens. Die Pflanze bringt aus fleischigen Rhizomen, den knolligen unterirdischen Stämmen, rohrähnliche Triebe hervor, die etwa 1,5 Meter hoch werden. Diese enthalten ein ätherisches Öl und Harz, die beide den aromatischen Geschmack bilden.

Wahrscheinlich waren unter den Gewürzen, die Marco Polo von seiner Reise ins Land der Mitte heimgebracht hat, auch ein paar getrocknete Ingwerknollen dabei. Seine Begeisterung für exotische Schätze sollte sich jedoch ein paar Jahrhunderte später erst mit der Entwicklung großer Schiffe zum Transport der Pflanzen und Früchte realisieren lassen. Dann allerdings kannte die Begeisterung keine Grenzen, die habsburgischen Kaiser investierten ein Vermögen in die Forschungs- und Sammelreisen ihrer Botaniker und versuchten schließlich sogar, die fremdländischen Wunderwesen als Bild zu erhalten. In Schloß Schönbrunn ließen sie die Wände einer zum Garten führenden Zimmerflucht mit üppigem Früchte- und Pflanzenwuchs bemalen. Heute sind die nach dem Maler benannten „Bergl-Zimmer“ wieder restauriert und zeugen farbenfroh von der Pracht exotischer Welten.

Mittelmeer- und Kanarenpflanzen

Die Mittelmeerregionen und die Kanarischen Inseln verwöhnen nicht nur sonnenhungrige Badeurlauber, sondern erfreuen vor allem im Frühjahr, wenn die dort heimischen Wildblumen in voller Blütenfarbenpracht zu bewundern sind, Blumenliebhaber mit ihrer großen Vielfalt. Von kaum einem anderen Verbreitungsgebiet kommen seit mehreren Jahrhunderten so viele Nutz- und Zierpflanzen nach Mitteleuropa. Ohne die Orangen-, Zitronen-, Feigen- oder Oleanderbäume und die vielen anderen mediterranen Gewächse wären die heimischen Gärten in den Sommermonaten weit weniger farbenprächtig. Die Wahl für den sommerlichen Pflanzenschmuck kann heute aus einer enormen Anzahl von mediterranen Pflanzen getroffen werden.

Die Länder und Inseln rund um das Mittelmeer kennzeichnet ein Klima, das durch regenreiche, etwas kühlere Winter und trockene, heiße Sommer charakterisiert ist. Diese klimatischen Verhältnisse begünstigen die Entwicklung harter, lederartiger oder behaarter Blätter, die den Pflanzen einen gewissen Verdunstungsschutz während der heißen Jahreszeit bieten. Hartlaubgewächse, zahlreiche Koniferen-Arten wie die schirmförmigen Pinien, die Aleppokiefer und verschiedene Wacholderarten, sind also die typischen Gewächse, die jedem Italien- und Griechenlandreisenden sofort auffallen. Nicht immer waren es diese Pflanzen, die das Bild der Mittelmeervegetation geprägt haben.

Bis zum Altertum dominierte eine geschlossene Laubdecke von riesigen Eichenwäldern. Diese wurden durch jahrhundertelangen Raubbau fast vollständig zum Verschwinden gebracht. Da der Mensch sehr oft bedenkenlos in das ökologische Gleichgewicht der Natur eingegriffen hat, wurde zum Beispiel das Holz aus diesen Waldgebieten für den Bau großer Schiffsflotten der Phoenizier, Römer und Genuesen benötigt. Dieser Kahlschlag blieb nicht ohne Folgen. Klima und Vegetation veränderten sich. Des schützenden Daches beraubt, war die Natur plötzlich der intensiveren Sonneneinwirkung ausgesetzt. Verschiedene Formen der Vegetation konnten sich den geänderten Verhältnissen nicht anpassen und verschwanden, dafür aber hatten andere endlich genug Licht und Raum um sich auszubreiten.

Heute sieht man nur noch wenige Eichenwälder. An ihre Stelle traten niedriges Buschwerk und Hartlaubgewächse, die als Macchie oder Garigue bezeichnet werden. Besonders die Ziegen und Schafe tragen durch ständiges Abbeißen der jungen Triebe zu einem Krüppelwuchs der dortigen Pflanzen bei. Typische Vertreter der Macchie sind der Erdbeerbaum und die Zistrose. Diese Pflanzenformationen bilden in den sommertrockenen Gebieten des Mittelmeerraumes zusammen mit anderen, häufig bestachelten oder bedornten Gewächsen ein oft undurchdringliches Dickicht von hartlaubigen und stechenden Gehölzen.

Im Schönbrunner Palmenhaus können einige dieser Pflanzen in der mittleren, temperierten Abteilung sogar in ihrer ursprünglichen Größe bewundert werden. So steht etwa ein prächtiger Erdbeerbaum neben der Wendeltreppe, die in den Bereich der großen Kuppel führt.

Wie zuvor in den Mittelmeerregionen hält es leider heute wieder niemanden davon ab, in den Tropen Südamerikas und Asiens, aber auch in den Wäldern Sibiriens oder Kanadas den gleichen Raubbau an der Natur zu betreiben. Außerdem werden nach wie vor riesige Gebiete gerodet, um kurzzeitig Platz für Getreideanbau zu schaffen. Durch den Einsatz modernster Maschinen geschieht der Raubbau noch dazu großflächig und in erschrekkendem Tempo. Sobald der Boden erodiert ist, wird die Natur wieder sich selbst überlassen. Ausschwemmungen durch den starken Tropenregen sowie unverantwortliche Schlägerungen größten Ausmaßes hinterlassen verwüstete Landstriche. Die erst nach vielen Jahren entstehenden Folgewälder sind dann bestenfalls Sekundärwaldgebiete mit geminderter Artenvielfalt.

Ein Robuster unter den Zitrusfrüchten: Der Zitronenstrauch

Kurz vor der Ernte – köstliche Orangen

Eine durch die Nähe zu Afrika besonders faszinierende Pflanzenwelt konnten die Kanarischen Inseln entwickeln. Von den 1700 Arten ist etwa ein Drittel endemisch, darunter eine große Anzahl von Sukkulenten. Wolfsmilchgewächse (Euphorbien) speichern das Wasser wie die amerikanischen Kakteen. Auch im Aussehen sind beide sehr ähnlich. Nur Fachleute erkennen einen Unterschied auf den ersten Blick. Die fleischigen Blätter des Aeonium oder die Stengel der Geranien bilden die markanten Wasserspeicher, die den Pflanzen ein Überleben während der trockenen Sommerzeit ermöglichen. Viele Mittagsblumengewächse speichern das notwendige Wasser im Blattwerk und in den Trieben. Im Palmenhaus sind sie vorwiegend als Bodendecker eingepflanzt und erfreuen den Besucher mit ihren kräftigen Blüten.

Nur in feuchtkühlen Gebieten auf den Kanaren ist die von so manchem Urlauber bewunderte Kanarenglockenblume zu finden. Ihr lateinischer Name *Canarina canariensis* weist auf die Heimat dieser Pflanze mit ihren großen Glockenblüten in einem aparten, orange-roten Farbton hin. Ihre weichen, kriechenden oder kletternden Triebe können eine Länge von drei Metern erreichen. Die Pflanze zieht nach der Blüte im Frühjahr ein, das heißt ihre oberirdischen Teile welken und sterben ab. Nach einer sommerlichen Ruhepause erwacht sie im Spätherbst zu neuem Leben. Auch diese schöne Glockenblume ist auf den Kanaren endemisch, daher kann sie außerhalb ihrer Heimat nur in Schauhäusern wie dem Palmenhaus Schönbrunn bewundert werden, wo sie sich am knorrigen Granatapfel emporschlingt.

Der eindrucksvolle Drachenbaum – in Schönbrunn für alle Besucher unübersehbar gleich am Wegesrand der mittleren Abteilung eingepflanzt – kann sogar als Wahrzeichen der Kanaren betrachtet werden. Ursprünglich waren diese Riesen auf den marokkanischen Inseln beheimatet und vor der letzten Eiszeit sogar in ganz Europa verbreitet. Drachenbäume können eine Höhe von 20 Metern und bis zu vier Meter Durchmesser erreichen. Zunächst bilden sie nur einen starken Stamm, nach der ersten Blüte beginnt sich dieser allerdings zu teilen, und erst nach mehrmaligem Blühen nimmt er seine charakteristische Form mit den Verzweigungen an. Die Schönbrunner Drachenbäume gedeihen mitten in der Pflanzengruppe der Kanaren besonders prächtig. Mit der Blüte lassen sie noch auf sich warten, was in diesem Fall jedoch ein Zeichen besonderen Wohlbefindens ist. Obwohl sie schon an die 50 Jahre alt sind, haben sie noch immer keine Verzweigungen entwickelt.

Das Wichtigste im Leben einer Pflanze ist es nämlich, ihre Art zu erhalten. Wenn es ihr nicht gut geht, wenn also die Lebensbedingungen ungünstig sind, dann bringt sie noch rasch eine „Notblüte“ hervor, bevor sie stirbt. Umgekehrt blühen Pflanzen, die besser ernährt werden als an ihrem heimatlichen Standort, wenig oder gar nicht, denn es besteht keine Gefahr für die Art. Daher ist es ein Zeichen von ausgewogenen, guten Bedingungen, wenn die Drachenbäume im Palmenhaus bisher nicht zur Blüte kamen.

Kakteen und Klivien beweisen dies ebenfalls mit ihrem Blühverhalten. Wenn sie in den Wintermonaten warm und feucht gehalten werden, kommen sie im Frühjahr nicht zur Blüte.

Der Drachenbaum als typischer Vertreter der Agavengewächse, die mit etwa 80 Arten im tropisch-subtropischen Afrika, Asien und Australien verbreitet sind, kann einige hundert Jahre alt werden. Alexander von Humboldt berichtete von einem Exemplar aus dem Orotavatal, dessen Alter auf mehr als 6000 Jahre geschätzt wurde. Diese Altersangabe dürfte aber stark übertrieben gewesen sein. Die heute auf den Kanaren wachsenden Drachenbäume sind sicher kaum älter als 300 Jahre. Der Stammumfang dieses Giganten soll 27 Meter betragen haben. 1867 wurde er leider von einem Orkan entwurzelt.

Durch Verletzungen oder durch das Anschneiden der Stämme oder Blätter tritt ein rotes, gummiähnliches Harz aus, das als „Drachenblut“ bezeichnet wird. Die großen italienischen Geigenbauer haben damit ihre kostbaren Instrumente bestrichen. Bereits im Mittelalter kam das Drachenblut unter dem Namen „Kinabari“ in den Handel. Damals wurde es in Form

Bizarre Drachenbäume –
Wahrzeichen der Kanaren

von etwa ein Zentimeter großen „Tränen" als Heilmittel gegen Geschwüre und Ruhr verkauft. Heute gewinnt man das „Drachenblut" aus den Früchten der Drachenblutpalme, deren Heimat Indien ist.

Auch die *Persea foetens* – am Beginn der Kanarengruppe des Schönbrunner Palmenhauses – zählt zu den Vertretern der interessanten Insel-Flora. An den robusten Zweigen trägt der Baum mit kräftigem Stamm ledrige, dunkelgrüne Blätter. Seine kleinen gelben Blüten sind eher unscheinbar. Er ist wie sein Verwandter, der Avocadobaum, ein Lorbeergewächs. Im Gegensatz zu diesem kräftigen Baum zeigt sich das eher zierliche Mocanbäumchen mit zarter dunkelgrüner Belaubung. Zeitig im Frühjahr erscheinen duftende weiße Blütenglocken.

Neben dem markanten Drachenbaum ist der Natternkopf eines der auffälligsten Gewächse der Kanaren. Er präsentiert in 22 Arten seine große Vielfalt. Die schönste ist das mehrere Meter hoch wachsende *Echium wildpretii.* In Botanischen Gärten, wo sie wegen ihrer attraktiven Blütenstände gerne gezeigt werden, können sie eine Höhe von mehr als vier Metern erreichen. Angeblich wurden auf der Insel Teneriffa auf einem einzigen Blütenstand 84 000 rote Einzelblüten gezählt. Weitere schöne Arten blühen blau, weiß und auch rosa. In Mitteleuropa wächst der Natternkopf eher unscheinbar und unbeachtet an Wegrändern.

Die dunklen, schlanken Zypressen und die knorrigen Ölbäume gehören zu jenen Bäumen, die die gesamte Mittelmeerregion prägen.

Der Ölbaum ging als eine der ersten Pflanzen in die Kulturgeschichte der Menschheit ein und wurde zum wichtigsten Kulturbaum des Mittelmeerraumes. Er wird heute in vielen Ländern angepflanzt. Die Wildform ist nicht bekannt, aber seine Heimat vermutet man im östlichen Mittelmeergebiet beziehungsweise in Vorderasien. Ölbäume können sehr alt werden, die betagten Exemplare spalten dann häufig ihre knorrigen Stämme und nehmen bizarre Formen an. Die Ölbäume des Gartens Gethsemane in Jerusalem hingegen stammen angeblich noch aus der Zeit von Jesus Christus und wären somit an die 2000 Jahre alt.

Nicht ganz so alt, aber auch schon ziemlich betagt, ist der Ölbaum im Palmenhaus. Mit seinen geschätzten 350 Jahren ist er das älteste Gewächs im mehr als hundertjährigen Haus. Dieser besondere Baum wurde 1974 auf der Internationalen Gartenschau in Wien-Oberlaa von Spanien präsentiert. Danach machten ihn die Spanier den Bundesgärten zum Geschenk. Zwei Jahre nach der Auspflanzung im Palmenhaus mußte er im Zuge der Generalsanierung wieder aus dem Boden herausgenommen und in einen großen Holzkübel gepflanzt werden. Jedes Frühjahr wurde er ins Freie gestellt und

Veteran des Palmenhauses: Ein knorriger Ölbaum aus Spanien

im Herbst wieder ins Palmenhaus gebracht. Seit Sommer 1990 befindet er sich in der Mittelmeergruppe.

Die Früchte des Ölbaumes sind die schmackhaften Speiseoliven. Das daraus gepreßte Olivenöl gilt wegen seiner ungesättigten Fettsäuren nicht nur als sehr gesund, sondern auch als nahrhaft und dient in den Mittelmeerregionen als das Speisefett schlechthin. Das wertvolle Jungfernöl oder „extra virgin" genannte Olivenöl wird beim ersten Preßvorgang gewonnen und kalt gepreßt, um alle wichtigen Nährstoffe zu erhalten. Weiteres Pressen ergibt ein weniger wertvolles Öl, das zur Bereitung von Seifen, Salben, Haaröl, aber auch von Brenn- und Schmiermitteln genutzt wird. Die letzten Ölreste werden noch für technische Zwecke verarbeitet. Als Sinnbild des Friedens genießt der Ölbaum seit der Antike hohes Ansehen.

So wie der Ölbaum wegen seines vielfältigen Nutzens geachtet wird, ist der Erdbeerbaum für seine Schönheit im Mittelmeerraum bekannt. Der Stamm des eleganten Baumes oder Strauches erscheint rötlich-braun gefärbt und seine lorbeerähnlichen, am Rande gesägten Blätter wirken attraktiv. Die krugförmigen weißen Blüten wachsen in Büscheln am Ende der Triebe und zeigen sich bereits im November. Seine orange-roten, erdbeerähnlichen Früchte – sie gaben dem Baum seinen Namen – sind genießbar und werden auch zu Likör verarbeitet. Das Verbreitungsgebiet dieses immergrünen Erdbeerbaumes erstreckt sich von Südwesteuropa über die Kanaren bis Nordwestafrika und Irland. Dort gedeihen diese Bäume durch den Einfluß des warmen Golfstromes ganz besonders. Der Erdbeerbaum mit seinen 14 Arten zählt zu den Heidekraut- oder Erikagewächsen und hat nichts mit echten Erdbeeren zu tun. Das Schönbrunner Exemplar findet Halt an der Wendeltreppe der mittleren Abteilung, seine Äste schmiegen sich eng an die geschwungene Konstruktion.

Der rötliche Erdbeerbaum
sucht Halt an
einem Stützpfeiler

Den Abschluß der Kanarengruppe im Wiener Palmenhaus bildet ein echter Feigenbaum, der immer häufiger bei Pflanzenliebhabern in Mitteleuropa zu sehen ist. Wegen seiner auffälligen, großen Blätter und nicht zuletzt wegen seiner Früchte wird er vorzugsweise als Kübelpflanze gehalten. Die Wildformen des Feigenbaumes dürften aus Vorderasien stammen. Heute reicht das Verbreitungsgebiet der wertvollen Kulturpflanze über das gesamte Mittelmeergebiet. Das oft zitierte „biblische Feigenblatt" kann bei guter „Ernährung" eine Breite von bis zu 20 cm erreichen und ist tief gelappt. Der Schönbrunner Feigenbaum bildet zwar Früchte, diese reifen aber nicht aus, da ihnen das so notwendige Sonnenlicht nicht in ausreichendem Maß zur Verfügung steht. Nördlich der Alpen, besonders in den sonnenreichen Weinbaugebieten, können Feigenbäume – etwa in Innenhöfen mit Winterschutz – gut gedeihen.

Früher waren Feigen nördlich der Alpen fast nur in getrocknetem, kandiertem Zustand als beliebte Beigabe in den Säcken des Heiligen Nikolaus bekannt. Die grünen bis blauvioletten birnenförmigen Früchte sind in Wirklichkeit Fruchtstände. In einem fleischigen, krugförmigen Blütenboden befinden sich zahlreiche kleine Kerne, die eigentlichen Früchte. Der wilde Feigenbaum bringt dreierlei Blüten hervor: männliche, weibliche und sogenannte Gallenblüten. Das sind besonders gestaltete weibliche Blüten, die der Feigengallwespe die richtigen Bedingungen für ihre Entwicklung bieten. Die Früchte der Gallenblüten sind ungenießbar und unter dem Namen Ziegenfeigen (*Caprificus*) bekannt. Die Gallwespen bestäuben die Feigenbäume, daher haben die Ziegenfeigen ihre biologische Bedeutung und sind ein Musterbeispiel für eine hochempfindliche Symbiose zwischen Pflanze und Tier. Wenn der Lebensraum für einen der beiden Partner durch veränderte Umweltbedingungen gestört wird, könnte es keine Gallwespen und somit keine Früchte des Feigenbaumes geben.

Fast im Zentrum der Kanarengruppe steht der schon in der Bibel erwähnte Granatapfelbaum, dessen Heimat in Westasien vermutet wird. Wie der Öl- und Feigenbaum wurde er schon in der Antike kultiviert. Die Römer lernten den kleinen Baum oder Strauch, dessen Zweige mit Dornen ausgestattet sind, in Punien, dem heutigen Tunesien, kennen. Daher werden die Früchte auch als „Punische Äpfel" bezeichnet. Die Stadt Granada in Spanien sowie die weniger rühmliche Granate und der Grenadier, ursprünglich ein Handgranatenwerfer, wurden nach der apfelähnlichen Frucht benannt. Das Gleiche gilt auch für den Halbedelstein Granat. Die rote Blüte des Granatapfelbaumes begeistert genauso wie die apfelähnliche Frucht, eine Beerenfrucht mit tiefrotem Fruchtfleisch und einer großen Anzahl von Samen. Der Granatapfel wird meist zu Getränken und Marmeladen verarbeitet. Bereits im Alten Testament ist die Frucht erwähnt, und wegen ihrer großen Anzahl von Samen galt sie schon immer als Fruchtbarkeitssymbol. Die rosafarbene, fleischige Umhüllung der eckigen Kerne ist eßbar und schmeckt je nach Reifegrad unterschiedlich süß-säuerlich. Aus der gerbstoffhaltigen Fruchtschale stellte man früher schwarze Tinte her.

Als Kübelpflanze wurde der Granatapfel in Mitteleuropa bereits im 16. Jahrhundert gemeinsam mit Feigen, Orangen und Myrten in Orangerien gezogen. Im Alter nimmt der Stamm des Strauches eine knorrige, gedrehte Form an. Um Blüten ausbilden zu können, braucht dieser Baum besonders viel Sonne. Im Winter hält er eine Ruhezeit und wirft seine Blätter ab. Die kleinere Unterart, *Punica granatum „Nana"*, blüht häufiger und länger, sie wird daher auch heute noch gerne als Kübelpflanze gehalten.

Im gleichen Verbreitungsgebiet ist die Zistrose mit etwa 170 Arten beheimatet. Die Sträucher können bis zu zwei Meter hoch werden. Ihr angenehm riechendes Harz ist unter dem Namen „Ladanum" bekannt und wird in der Parfumindustrie und als Weihrauchersatz verwendet. Die besonders auffälligen, bunten Blüten mit ihrem Farbspiel zwischen Rosa und Weiß lockern die karge Vegetation der Macchie auf. Zusammen mit dem kanarischen Ginster, der im Frühjahr in der Natur, aber auch im Palmenhaus, mit seinen überhängenden, gelben Blüten begeistert, umrahmen sie die Sitzgruppe inmitten der Kanarenpflanzen. Da zur gleichen Zeit auch der duftende Azorenjasmin blüht, sollte der Besucher tatsächlich das Angebot einer kurzen Rast in Anspruch nehmen. Dort wird er auch einen Mäusedorn entdecken, dessen Verbreitungsgebiet von Südeuropa bis zum Schwarzen Meer reicht. Seine kurzen, sehr spitzen, dunkelgrünen Scheinblätter wirken dekorativ, besonders, wenn er seine roten, kugeligen Früchte trägt. In England wird er gerne für Trockengestecke und besonders als Weihnachtsdekoration verwendet. Er erinnert an eine weitere kanarischen Spezialität, *Ruscus hypoglossum*, bei dem es so aussieht, als würden die winzigen blauen Blüten direkt auf den breiten Blättern sitzen, tatsächlich tragen jedoch blattartig verbreitete Kurztriebe den Blütenschmuck.

Keinesfalls darf bei den Mittelmeerpflanzen der echte Lorbeerbaum fehlen. Er kann in seiner Heimat durchaus eine Höhe von 12 Metern erreichen. Als Kübelpflanze werden die Bäumchen in Form geschnitten. Ihre aromatischen Blätter zählen zu den unverzichtbaren Küchengewürzen, die z. B. Linsengerichten und den „eingebrannten Erdäpfeln" ihren unverwechselbaren Geschmack geben.

Gleich neben dem Ölbaum steht im Wiener Palmenhaus auch ein attraktiver Johannisbrotbaum, der aus dem östlichen Mittelmeergebiet kommt und zur Familie der Caesalpiniaceen gehört, die nach einem Botaniker Caesalpinus benannt sind. Der Geschmack der süßlich-herben

Früchte ist nicht jedermanns Sache. Johannes der Täufer soll sich in der Wüste von solchen Früchten ernährt haben, was den deutschen Namen erklärt. In Arabien und den Mittelmeerländern nutzt man die bis zu 50 Prozent zuckerhältigen Früchte als wertvolles Viehfutter.

Die kleinen rötlich-braunen und gelben Blüten des Johannisbrotbaumes sitzen an starken Zweigen am alten Holz. Die dunkelbraunen Hülsen enthalten kleine, runde, sehr gleichmäßige Samen. Die Bezeichnung Karat als Gewichtseinheit für Edelsteine leitet sich von diesen ab.

Viele der hier beschriebenen charakteristischen Pflanzen des Mittelmeerraumes konnten sich in ihrer Eigenart nur deshalb entwickeln, weil die Eichenwälder, die vor Jahrtausenden der Vegetation Schutz geboten haben, vom Menschen geschlägert worden sind. Auch wenn sich die Natur durch radikale Eingriffe verändert, mögen die Mittelmeergebiete ein Beispiel dafür sein, daß dadurch eine neue reizvolle Artenvielfalt entstehen kann. Unsere heimischen Gärten und Balkone haben erst recht in den Sommermonaten durch das ornamentale Blattwerk des Feigenbaumes, die knorrige Gestalt des Öl- und Granatapfelbaumes, den Duft der Zitrusfrüchte sowie so mancher Gewürzpflanze aus dem mediterranen Kulturraum eine wertvolle Bereicherung erfahren.

Die „Neuholländer"

Unter der großen Kuppel, also in der mittleren Abteilung des Schönbrunner Palmenhauses, wachsen die Neuholländer. Gesammelt wurden sie bereits unter den Habsburgern. Ursprünglich galt der Begriff „Neuholländer" nur für Pflanzen aus Australien, bis er später auch auf die Flora Südafrikas und des südlichen Südamerika ausgedehnt wurde. Es handelt sich dabei um Pflanzen aus Trockengebieten unserer Erde – also um lauter Überlebenskünstler. Alle Neuholländer haben eines gemeinsam, sie kennen viele Tricks, wie man der sengenden Sonnenhitze widerstehen kann.

In den extremen Trockengebieten der Erde, den Wüsten, Steppen und auf trockenen Felsen, aber ebenso in den winterkalten Gebieten der höheren Regionen, mußte sich die Natur immer wieder etwas einfallen lassen, um Leben zu ermöglichen. So bewirkt zum Beispiel der Blattfall zu Beginn einer Trocken- oder Frostperiode, daß die wasserverdunstende Oberfläche drastisch verkleinert wird. Nicht der Frost an sich, sondern das fehlende Wasser im Boden bewirkt nämlich den Tod einer Pflanze. Krautige Pflanzen ziehen oft ein, wie Botaniker und Gärtner sagen, das heißt, die oberirdischen Organe werden braun und verrotten, während die unterirdischen die im Zuge der Photosynthese gebildeten Reservestoffe speichern und für den Austrieb im nächsten Frühjahr bereithalten. Auch sehr lange Wurzeln, die bis zum Grundwasser reichen, tragen zum Überleben einer Pflanze bei. So besitzt die außergewöhnliche *Welwitschia mirabilis*, die nur in den küstennahen Nebelwüsten Namibias und Angolas vorkommt, eine meterlange Pfahlwurzel. Sie schwillt im Alter zu einem mächtigen Wasserspeicher an. Eine dicke Borkendecke überzieht die Wurzel und den Stamm. Die lederartigen Laubblätter ermöglichen es der Pflanze, selbst der größten Dürre zu widerstehen. Sie werden bis zu zwei Meter lang und wachsen an der Basis stets weiter, reißen an den Spitzen jedoch ein und sterben dort ab. Entdeckt wurde dieses Wunder an Überlebenskunst in der Mitte des 19. Jahrhunderts

Ein Myrtengewächs: Der „Flaschenputzer"

„Schwiegermutterstockerl"

von dem österreichischen Arzt Friedrich Welwitsch, dessen Namen die Pflanze trägt.

Die kugelförmige Gestalt gibt einer Pflanze die beste Möglichkeit, das für sie lebensnotwendige Licht optimal zu nutzen. Alle Bereiche wenden sich durch diese Form dem Sonnenlicht gleichmäßig zu. Ein besonders markantes Beispiel bildet der Goldkugelkaktus, auch „Schwiegermutterstockerl" genannt. Der Kugel- und Säulenwuchs von Pflanzen ergibt gemeinsam mit der Wasserspeicherung und der Photosynthese des grünen Stammes eine Chance zum Überleben. Durch Einrollen eines Blattes verringern Pflanzen ihre Oberfläche, die der Verdunstung ausgesetzt ist. Viele wasserspeichernde Pflanzen besitzen außerdem Rippen, mit deren Hilfe sie sich ziehharmonikaartig – je nach Wasserfüllung und Sonnenbestrahlung – bewegen können. Dadurch werden immer wieder andere Teile der Pflanze bestrahlt oder beschattet.

Zu den bekanntesten Vertretern der Neuholländer zählen die Eukalyptusbäume, die im Palmenhaus in der Nähe des Osttores zu finden sind. Insgesamt existieren von dieser Gattung mehr als 600 Arten, die großteils in Australien beheimatet sind. Die Blätter einiger weniger Eukalyptusarten sind das einzige Nahrungsmittel der Koala-Bären. Aus dem in den Blättern gespeicherten Öl werden Hustenbonbons und andere Arzneien zur Linderung von Erkältungskrankheiten erzeugt. Der Eukalyptus, wörtlich „der Wohlbehütete", dominiert in Australien wie keine andere Pflanze: acht von zehn Bäumen oder Sträuchern gehören zu dieser Gattung. Die Blüten der Eukalyptusbäume besitzen Hütchen, die aus den verwachsenen Blütenblättern gebildet und von den heranwachsenden Staubgefäßen schließlich abgestoßen werden. Wegen seiner Robustheit und Raschwüchsigkeit schätzt ihn die Holzindustrie besonders, da er nach wenigen Jahren bereits verarbeitet werden kann. Ungeeignet ist der Gum-tree, wie er in Australien genannt wird, hingegen zur Wiederaufforstung von Urwäldern. Seine Blätter tragen, wenn überhaupt, nur sehr bescheiden zur Humusbildung bei.

Unter den Landpflanzen zählen die tasmanischen Eukalyptusbäume zu den mächtigsten. Sie erreichen unvorstellbare Höhen von über 100 Metern und Stammdurchmesser von bis zu zehn Metern!

Die höchsten Eukalyptusbäume und die gewaltigen Mammutbäume (Sequoien) überleben heute nur noch in kleinen Schutzgebieten. In unmittelbarer Nähe des Palmenhauses wie auch im Botanischen Garten von Schönbrunn stehen ein paar prächtige Exemplare von Mammutbäumen.

Die Mammutbäume Kaliforniens gelten im allgemeinen als die Giganten des Pflanzenreiches. Mammutbäume und Eukalyptusbäume werden jedoch von Wasserpflanzen, und zwar von Tangen aus der Gruppe der Braunalgen, bei weitem an Größe übertroffen. Ein einziges Exemplar erreicht die Länge von rund 180 Metern! Nur der Wasserauftrieb kann ein solches Lebewesen halten, an Land würde es natürlich sofort unweigerlich in sich zusammenfallen.

Die Yarra-Bäume West-Australiens werden „nur" bis zu 90 Meter hoch, es gibt aber auch Arten, die nur wenige Zentimeter groß wachsen. Bei manchen Arten wird die Borke, das ist der äußerste, abgestorbene Teil der Rinde, weiß und zur Weihnachtszeit abgeworfen – als „Schnee" von den Einwanderern bezeichnet.

Eine andere Art wird in Australien als „paper bark" bezeichnet. Die Eingeborenen gewinnen aus diesem Baum ein bestimmtes „Papier". Sie glätten und pressen die Borke und malen darauf ihre Erdfarbenbilder.

Die meist gelben, aber auch leuchtend roten, rosafarbenen oder weißen Blüten der Eukalyptus-Arten werden von Vögeln, Fledermäusen und kleinen Beuteltieren bestäubt. Betrachtet man die Blätter ein- und desselben Baumes genauer, so kann man meist im unteren Bereich rundliche, weiter oben aber sichelförmig gebogene Blattformen erkennen. Der Baum verringert die Oberfläche seiner sogenannten Altersblätter drastisch, um damit die Verdunstung herabzusetzen. Zusätzlich sind die Blätter nord-süd-gedreht und senkrecht gestellt, wodurch die Schattenbildung minimiert wird. Auf diese Weise entstehen die berühmten „schattenlosen Wälder".

Die Blätter, von denen ein einziges über 80 Zentimeter lang werden kann, besitzen außerdem keine differenzierte Ober- und Unterseite. Bei den meisten Arten enthalten sie das schon erwähnte ätherische, das heißt leicht verdunstende, Eukalyptusöl. Auch die „Blauen Berge" westlich von Sydney verdanken ihren Namen diesem Öl. Der austretende ätherische Stoff verursacht den bläulichen Dunst über den ausgedehnten Wäldern in der Umgebung der berühmten Stadt. Eine wasserundurchlässige Wachsschicht bietet der Pflanze zusätzlichen Verdunstungsschutz.

Einer der „Neuholländer", der sogenannte Blaugummibaum, hat in den Mittelmeergebieten eine zweite Heimat gefunden. Er wurde ursprünglich an sumpfigen Stellen gepflanzt, die er als Folge seines raschen Wachstums trockenlegte. Damit konnte den Malariamückenlarven die Lebensgrundlage entzogen und die gefährliche Seuche wirksam bekämpft werden.

In der Mittelabteilung des Palmenhauses lassen sich in Gesellschaft von Akazien Australiens Spezialisten im Wasserspeichern, die sogenannten Flaschenbäume, bestaunen. Ihre nach unten flaschenförmig und an natürlichen Standorten bis zu fünf Meter verdickten Stämme nehmen eine ausreichende Menge Wasser auf, um sie für die Trockenzeiten zu speichern. Viele Pflanzen derselben Gattung deponieren das Wasser außer im Stamm auch noch in den Wurzeln oder Blättern, um für längere Durststrecken gerüstet zu sein.

Im Sonnenuhrhaus gibt es zwei Bäume, die sich auf diese Art der Wasserreservebildung spezialisiert haben. Die Oberhaut des Blattes oder ein Gewebe darunter nehmen dabei das Wasser auf. Wird es im Zentrum gespeichert, so entstehen sehr dicke, fleischig-saftige Blätter. Diese Bäume sind Verwandte des Kakaobaumes und des Kolastrauches und gehören somit ebenfalls zur Familie der Sterculiaceen. Außer ihrem charakteristischen Stamm besitzen sie große, ledrige Blätter, die von Wachs überzogen sind und zur Blütezeit abfallen. Die glockenförmigen Blüten der Art *Brachychiton acerifolius* sind kräftig korallenrot gefärbt und in bis zu 40 Zentimeter langen Trauben angeordnet. In der Vollblüte erweckt dieser Baum den Eindruck, als ob er brennen würde. Die Australier nennen ihn daher den „Flammen-Flaschenbaum".

Bei der Art *Brachychiton populneus* sind die Blätter ein- und desselben Baumes sehr unterschiedlich geformt. Diese Erscheinungsform wird Polymorphie genannt. Sie tritt im Pflanzenreich nur selten auf. Die Blüten dieser Art sind gelb-beige und grün und außerdem lange nicht so spektakulär wie die des Flammen-Flaschenbaums.

In den niederschlagsärmeren Zonen verbreitet findet man weltweit die sogenannten Hartlaubgewächse, ein typisches Beispiel dafür sind viele Mittelmeerpflanzen sowie die australischen Myrtengewächse. Ihre verdickten Blätter sind lederartig und saftarm und auch ihre Ober- und Unterseite ist gleich ausgebildet, damit können sie die Verdunstung auf ein Minimum verringern. Das Palmenhaus zeigt ein paar solcher Sträucher in der Nähe des Eingangs.

Außer den Eukalyptusbäumen gehören auch die beiden Gattungen Melaleuca und Kirschmyrte zu den Neuholländern. Seit mehr als hundert Jahren wird in Schönbrunn die Kirschmyrte für Gründekorationen verwendet. Die sehr robuste, aber zierliche Kübelpflanze wird oft als Formbäumchen säulen- oder kugelförmig geschnitten. Ihre jungen Blätter glänzen grün, im Austrieb werden sie rötlich, die Blüten sind weiß. Die kirsch-ähnlichen Früchte werden im vollreifen Zustand gegessen und in ihrer Heimat zu Gelee verarbeitet.

Ein naher Verwandter der Kirschmyrte, der Gewürznelkenbaum, stammt von den Molukken-Inseln und wird heute vor allem auf der Insel Sansibar gepflanzt. Einige interessante ältere Exemplare der Gattung *Melaleuca* verschönern die mittlere Abteilung des Palmenhauses. Sie wirken

Die Borke schützt bei sengender Sonne vor allzu rascher Verdunstung.

durch ihren lockeren, überhängenden Wuchs und die schmalen, nadelartigen Blätter äußerst elegant.

Besonders auffällig gestaltet sind die Blüten der Zylinder- oder Flaschenputzer, die in ihrer Heimat Australien wegen ihrer Ähnlichkeit mit Flaschenbürsten „Bottlebrush-tree" genannt werden. Hervorgerufen wird die prächtige rote, rosa, weiße oder gelbe Farbe durch die Staubgefäße, denn die Blütenblätter selbst sind stark reduziert. Somit übernehmen die Staubgefäße nicht nur die Aufgabe, Blütenstaub zu produzieren, sondern auch die bestäubenden Tiere anzulocken. Der wissenschaftliche Gattungsname *Callistemon* bedeutet soviel wie das „schöne Staubblatt". Als Topf- oder Kübelpflanze sind die attraktiven Flaschenputzer auch wegen ihrer problemlosen Pflege zu empfehlen.

Zweige der Casuarina

Einen ebenso ausgeprägten Hartlaubcharakter und vielfach auffällige große Blüten besitzen die sogenannten Proteusgewächse, die 61 Gattungen mit insgesamt 1400 Arten umfassen. Sie wurden von Linné nach dem griechischen Meeresgott Proteus benannt. Ihre Bestäubung erfolgt durch verschiedene Insekten und Vögel, in Südafrika durch Mäuse, in Australien durch kleine Beuteltiere. Angelockt werden diese Tiere durch Nektartröpfchen, die sich am Grunde jeder Einzelblüte bilden. Die Blüten selbst sind in Köpfchen, Dolden, Trauben oder Ähren zusammengefaßt und werden häufig von gefärbten Hochblättern eingehüllt.

Zwei Arten dieser Gattung werden ihrer Schönheit wegen besonders geschätzt: Der „Waratah", die Nationalblume des australischen Bundesstaates Neusüdwales, und die *Protea cyanoroides*, die wiederum Nationalblume Südafrikas ist. Ein weiteres Proteusgewächs, die schmackhaften Makadamianüsse oder „Australischen Haselnüsse", werden in Australien auf großen Plantagen kultiviert.

Leider ist die Kultur der meisten Proteusgewächse, die an ihren heimatlichen Standorten ein Höchstmaß an Licht bekommen, in unseren Breiten schwierig. Sie erfordern viel Geschick von dem betreuenden Gärtner oder Pflanzenfreund. Daher werden sie in botanischen Gärten und Schauhäusern häufig in Holzkübeln gezogen, womit ihnen durch zeitweiligen Standortwechsel optimale Lichtverhältnisse geboten werden können.

Blütenstand einer Banksia

Im Schönbrunner Palmenhaus sind vor allem Pflanzen der Gattungen *Banksia*, *Hakea* und *Grevillea* an besonders geeigneten Plätzen ausgesetzt. Zu Ehren des Naturwissenschafters Sir Joseph Banks wurde die bekannteste dieser Pflanzen „*Banksia*“ genannt. Er war Direktor der Royal Gardens of Kew in London und hatte Kapitän James Cook auf dessen erster Weltreise begleitet.

Die australische Silbereiche verdankt ihren deutschen Namen den feinen, farnartigen Blättern, die durch ihre Behaarung weißlich-grün erscheinen. Eine Silbereiche ist das größte im Palmenhaus ausgepflanzte Proteusgewächs. Die Gattung Hakea besitzt harte, elliptisch oder nadelartig geformte Blätter. Die Blüten vieler Proteusgewächse zählen zu den attraktivsten im ganzen Pflanzenreich. Wegen ihrer langen Haltbarkeit sind sie besonders für Trockengestecke beliebt.

Sämtliche Gattungen finden sich in der Natur nur auf der südlichen Halbkugel der Erde. Besonders artenreich sind sie in Südafrika und Australien vertreten, alle Gattungen beschränken sich immer nur auf ein Florenreich. Aus Südamerika sind nur wenige Arten bekannt, dennoch hat auch Ecuador ein Proteengewächs, die *Chuquiragua insignis*, zur Nationalblume erkoren.

Eigenwillige Strategien entwickeln die Akazien, damit sie in Trockengebieten, vor allem in Australien und Afrika, überleben können. Die eigentlichen Blätter werden extrem rückgebildet und nur die Blattstiele bleiben erhalten. Sie wachsen flächig in die Breite und übernehmen die Photosynthese. Diese Anpassungen nennt man Phyllodien, was „blattähnliche Organe“ bedeutet. Viele Arten besitzen im Jugendstadium aber auch noch gefiederte Blätter. Manchmal sind an ein- und derselben Pflanze sogar die Übergänge in der Form zu beobachten. Eine davon kann man im Palmenhaus bewundern. Es handelt sich um die Schwarzholz-Akazie, die im Gegensatz zu den anderen gezeigten Arten weniger auffällige Blütenbällchen bildet.

Bei der Flügel-Akazie stehen die Phyllodien zweizeilig an den Zweigen und erscheinen fast geflügelt.

Als typische Hülsenfrüchtler besitzen die Akazien symbiontische Wurzelbakterien, die die seltene Fähigkeit aufweisen, den reaktionsträgen und somit für fast alle Pflanzenarten unverwertbaren Luft-Stickstoff in eine chemisch aufnehmbare Form umzuwandeln. Die Akazienblüten an der Riviera bestehen fast nur aus gelben, kugelartig angeordeten Staubgefäßen. Diese werden als „Mimosen“ im Blumenhandel angeboten. Es existieren an die 1200 verschiedene Akazienarten, von denen mehr als 60 Prozent in Australien wachsen. Sie werden dort „Wattle" (Hürde) genannt, da aus ihrem Holz Zäune für Schafe und Rinder gefertigt werden. Weitere große Verbreitungsgebiete der Akazien befinden sich in den Savannen Afrikas und in Indien.

Die meisten australischen Akaziensarten blühen in unseren Breitengraden während der Wintermonate. *Acacia cultriformis*, die als eine der ersten im Palmenhaus aufblüht, zählt zugleich zu den schönsten. Ihre kleinen, messerförmigen Blätter zeigen eine aparte blaugrüne Färbung, die duftenden kugeligen, zitronengelben Blüten öffnen sich bereits im November. Blaugrüne Phyllodien entwickelt die *Acacia pycnantha*, die „Golden Wattle" genannt wird und als Nationalblume Australiens gilt. Trotz der optischen Ähnlichkeit sind diese Arten der Akazie weder Mimosen noch Robinien.

Gruß von der Riviera – blühende Akazien, bei uns als „Mimosen" verkauft

Greyia mit leuchtendem Blütenstand

Die echte Mimose gehört zwar auch zu den Leguminosen oder Hülsenfrüchtlern, nicht jedoch zur Gattung *Acacia*. Da sie so temperaturempfindlich ist, wird sie im Palmenhaus in der südlich gelegenen Tropenabteilung gehalten. Dort ist sie eine beliebte Demonstrationspflanze: Bei Berührung klappen die kleinen Fiederblätter um, bei stärkerer Störung neigen sich auch die Blattstiele abwärts. Nach einiger Zeit nehmen Blätter und Blattstiele wieder ihre Normalstellung ein. Es dürfte sich um eine Schutzmaßnahme vor allzu starken Regenfällen, die die Fiederchen verletzen könnten, oder auch vor dem Gefressenwerden handeln.

Die Entwicklung von Dornen ist eine weitere typische Trockenanpassung, die bei diesen Pflanzen zu finden ist. Diese sind in Wirklichkeit Blätter, von denen ebenfalls angenommen wird, daß sie als Schutz gegen das Gefressenwerden gebildet werden. Hingegen besitzt ein nordamerikanischer Christusdorn unweit des Palmenhauses Sproßdornen, also umgewandelte Stammteile, die bei ihm besonders zahlreich und auch auffällig – meist in Dreiergruppen – angeordnet sind. Viel seltener sind Wurzeldornen, wie sie bei einigen Palmen, zum Beispiel bei der Gattung *Acanthorhiza* vorkommen.

Leztlich sind auch die Erikagewächse, die besonders im südafrikanischen Kapland beheimatet sind, wahre Überlebenskünstler. Bei ihnen werden die Blätter – je nach Art – dauernd oder nur zur Trockenzeit eingerollt. Wie bei anderen Pflanzen wird dadurch ihre Verdunstungsoberfläche stark verkleinert. So zeigen die Erikagewächse, aber auch andere Pflanzen in Kultur auf diese Weise an, daß sie an Wassermangel leiden. Aus der beachtlichen Erikensammlung der Reservegärten im Belvedere kommen gelegentlich einige Exemplare zur Bodendekoration ins Schönbrunner Palmenhaus und vervollständigen so die Gruppe der „Neuholländer".

Kinder der Lüfte: Orchideen und Bromelien

Kaum ein Besucher des Schönbrunner Palmenhauses kann sich der Faszination einer blühenden Orchidee entziehen. Erwecken von allen Pflanzen doch sie am meisten die Sehnsucht nach exotischer Ferne. Ihre anmutigen Blüten begeistern vor allem wegen ihrer Farben- und Formenvielfalt. Ähn-

Asiatische Schönheit – Schmetterlingsorchidee

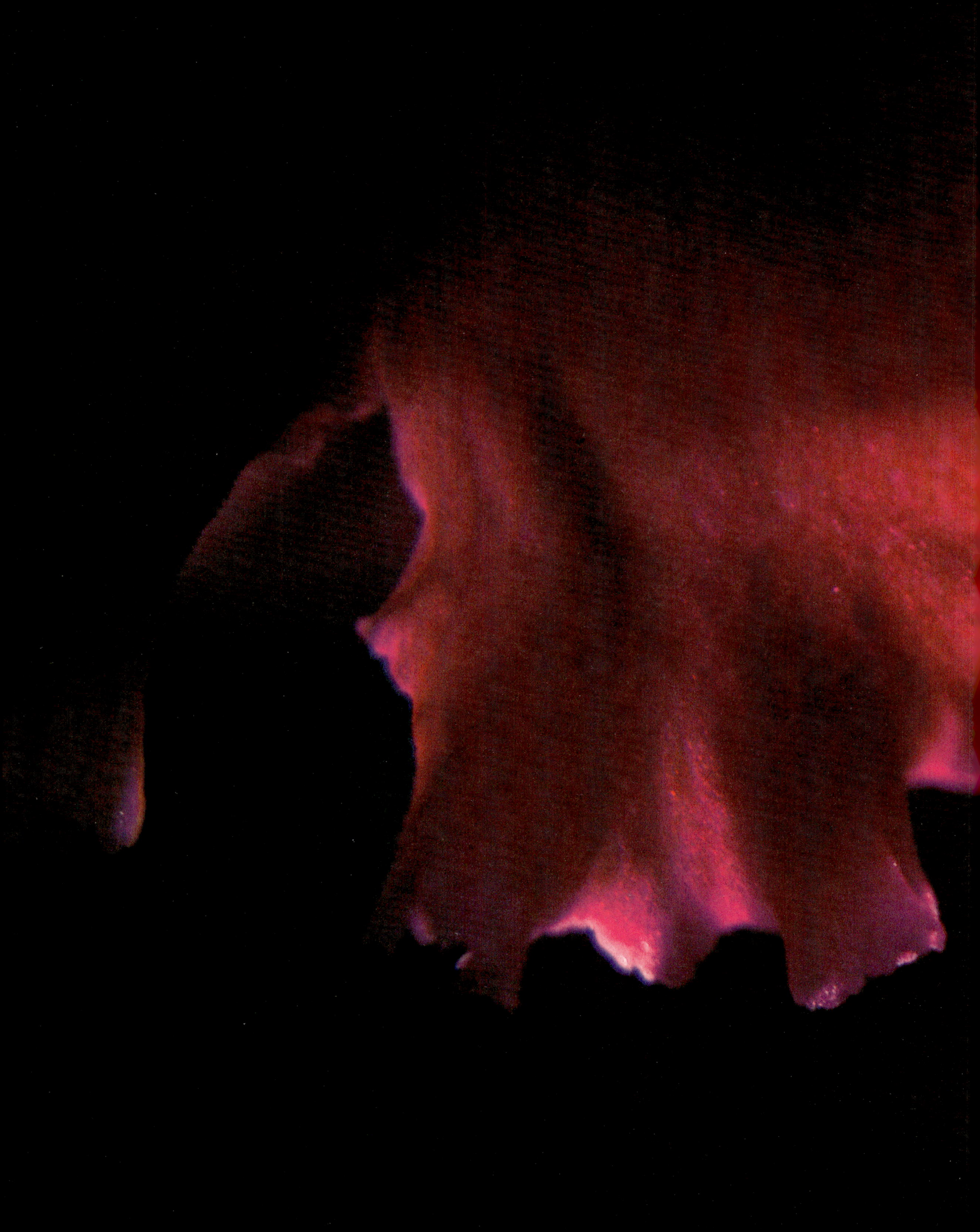

Orchideentraum

lich wie die schönsten Rosen haben sie es kaum nötig, auch noch mit ihrem Duft zu betören.

Baumbewohnende Orchideen leben zwar auf den mächtigen Riesen des Urwaldes, sie sind aber nicht, wie vielfach angenommen wird, Schmarotzer, sondern ihre Wurzeln dienen ausschließlich der Wasseraufnahme und dem Festhalten auf dem Trägerbaum. In der Familie der Orchideen gibt es keine einzige schmarotzende Art.

Einige Orchideengattungen weisen bereits in ihrem Namen auf die typische aufsitzende Lebensform hin. „Auf dem Baum" (*Epidendrum*) nennt sich eine Gattung aus Amerika, der „Baumbewohner" (*Dendrobium*) kommt hingegen aus Asien. Die Blätter dieser hoch oben dem starken Tropenlicht ausgesetzten Pflanzen sind hart und ledrig im Gegensatz zu den weichen Blättern der Erdorchideen, die bei wenig Licht auf dem Boden wachsen. Auch in den mitteleuropäischen Breiten gibt es „Aufsitzer", und zwar Moose und Flechten. Ihr Bewuchs etwa an Nadelbäumen gilt als gutes Zeichen für die Umwelt. Flechten sind nämlich extrem empfindlich gegen Luftverschmutzung und somit zur Messung von Umweltbelastungen bestens geeignet.

Wie die Palmen oder Gräser gehören die Orchideen zu den einkeimblättrigen Pflanzen. Unter ihnen gibt es sogenannte saprophytische, das heißt fäulnisbewohnende Arten, die im Boden oder in vermoderndem Holz leben und sich von toten Pflanzen ernähren. Sie sind klein und unscheinbar, an ihren Blüten jedoch eindeutig als Orchidee zu identifizieren. Andere Arten bilden sogar regelrechte Abfalleimer aus, um den sich bildenden Humus zu verwerten.

Orchideen sind weltweit verbreitet und leben nicht nur in den Tropen. Sie sind selbst in Wüstengebieten und auch noch im hohen Norden anzutreffen. Sogar am Nordkap wachsen ganze Wiesen voll mit sogenannten Erdorchideen. In diesen Gebieten blühen sie allerdings weit weniger bunt und auffallend als in den wärmeren Regionen. Zu den bekanntesten Orchideen unserer Breiten zählt der Frauenschuh, für viele sicherlich die schönste einheimische Orchidee. Sie ist häufig in Buchenwäldern angesiedelt. Auch das duftende Kohlröserl, das Waldvögelein, die Waldhyazinthe, das Knabenkraut, die Ragwurz und noch viele andere heimische Orchideen gedeihen auf Bergwiesen und an lichten Waldrändern. Viele unserer ungewöhnlichsten Orchideen wachsen im Gegensatz zu jenen der tropischen Gebiete auf Kalkböden. Wie die meisten krautigen Pflanzen ziehen auch die Erdorchideen im Herbst ein. Dabei bilden sie ihre oberirdischen Organe zurück und verfallen in Winterruhe. Aus ihren Knollen oder Wurzelstöcken, den unterirdischen Stämmen, die der Nährstoffspeicherung und der ungeschlechtlichen Vermehrung dienen, brechen im darauffolgenden Frühjahr

Die Vanille: Aus ihren Schoten wird aromatischer Zucker gewonnen.

wieder neue Triebe hervor. Diese Knollen treten oft paarweise auf: Neben einer schmutzig weißen, schon etwas geschrumpften, findet sich eine kleinere, jüngere, die fast rein-weiß erscheint. Diese vergrößert sich ständig, während die alte aufgebraucht wird und ihre Reste schließlich verfaulen. Daneben entsteht gleichzeitig wieder eine neue Knolle. Da von den weißen, wurzeltragenden Knollen früher angenommen wurde, sie brächten Segen und Glück, wurden sie Christus-, Marien- oder Glückshändchen genannt.

Die dunklen dagegen wurden als Teufelshände oder Satansfinger bezeichnet. Die fingerförmigen Wurzeln, aber auch handförmige Knollen, führten zu diesen volkstümlichen Bezeichnungen. Die runden Wurzelknollen verursachten die wissenschaftliche Bezeichnung: Das griechische Wort *Orchis* bedeutet nämlich nichts anderes als Hoden, daher auch das deutsche Wort Knabenkraut für Orchideen schlechthin.

Die Samen der Orchideen sind sehr klein. Eine Samenkapsel kann mehrere hunderttausende, ja sogar bis zu einigen Millionen Samen enthalten. Manchmal werden sie durch Ameisen verbreitet, wobei die Insekten durch Ölkörperchen an den Samen angelockt werden. Die Ameisen trachten darnach, diese in ihren Bau zu transportieren und schleppen dabei gleichzeitig den Samen mit, der dann dort auch zum Keimen kommt. In den meisten Fällen jedoch wird der Same einer Orchidee durch den Wind verbreitet. Doch diese Winzlinge haben es besonders schwer. Da ihnen auf ihrem beschwerlichen Lebensweg nicht – wie bei anderen Samen üblich – ein Nährgewebe beigegeben wurde, sind sie bei ihrer Entwicklung auf die Mithilfe von Bodenpilzen angewiesen. Diese wieder versorgen sie mit Nährstoffen, bis ihr Wurzelsystem es selbstständig bewältigen kann. Die Wirtspflanze verdaut dann Teile des Pilzkörpers oder der Zellinhalte, die der Pilz ausgeschieden hat. Umgekehrt steuern und kontrollieren die Orchideen das Pilzwachstum hormonell und liefern an den Pilz Vitamine und andere Stoffe. Sie bilden somit eine Symbiose mit gegenseitigem Nutzen.

Seit die Zusammenhänge zwischen den Orchideensamen und den von ihnen benötigten symbiontischen Pilzen bekannt wurden, gibt es erfreuliche Zuchterfolge. Die Begeisterung, die jeder neue Orchideenfund auslöste, führte dazu, daß ihre Kultur überaus populär wurde. Besonders als die Zusammensetzung der Nährlösungen zu ihrer Anzucht nicht nur in den Labors, sondern von jedem Pflanzenliebhaber nachgemacht werden konn-

Das Rossioglossum grande entwickelt nicht nur faszinierende Blüten, sondern auch besonders hohe Stämme.

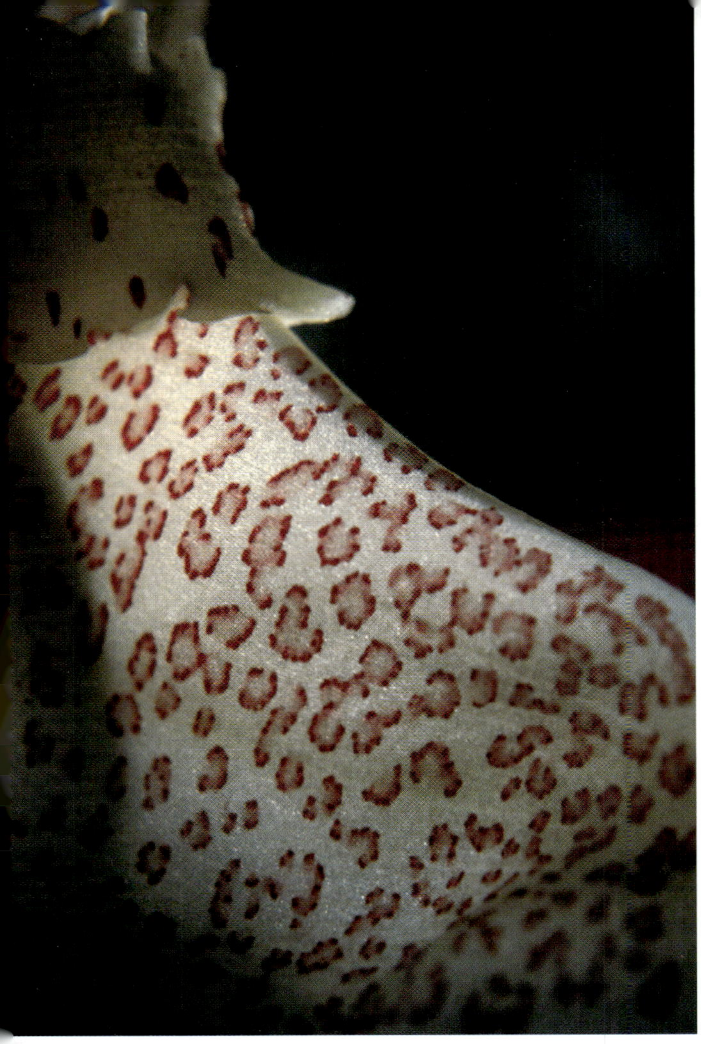

„Leopardenfell" – Blütenausschnitt einer Stanhopea

ten, war dem Tatendrang keine Grenze mehr gesetzt. Eine Vielzahl von Kreuzungen war die Folge.

Alle, die fachlich richtig mit tropischen Orchideen umgehen wollen, sollten beachten, daß das Gießwasser nicht zu kalkhaltig ist. Während der Ruhezeit darf – wenn überhaupt – nur sehr sparsam gegossen werden. Während der stärksten Wachstumsperiode muß Staunässe vermieden werden, da die Pflanzen sonst unweigerlich absterben. Das Wachstum der Orchideen soll nur durch schwache Düngerlösungen angeregt werden. Im zeitigen Frühjahr darf die Konzentration eines Orchideendüngers 0,5 Gramm, im Spätsommer 1 Gramm pro Liter Wasser nicht übersteigen. Im Reservegarten Schönbrunn, wo die Orchideen für das Palmenhaus herangezogen werden, kann man sich jederzeit fachliche Auskunft holen.

Die Blütezeit vieler Orchideen fällt in Gewächshäusern auf die Wintermonate. Dann blüht auch im Wiener Palmenhaus neben vielen anderen Tropenschönheiten eine der prächtigsten Orchideen, die Schönbrunner Spezialität *Laeliocattleya schoenbrunnensis.*

Ähnlich vielen tropischen Schmetterlingen mit ihrem filigranen Körperbau greift auch so manche Pflanze zu Täuschungsmanövern, um im Überlebenskampf bestehen zu können. Viele Insekten, besonders Schmetterlinge und deren Raupen, zeigen ihren Feinden mit grellen, rot-gelben oder rot-schwarzen Farbpunkten oder Streifen an, daß es nicht sehr bekömmlich wäre, sie zu verspeisen. Ihre zarten Körper enthalten Giftstoffe und davor warnen die markanten Farben und Muster. Nun gibt es aber auch raffinierte Arten, die ebenso gefärbt sind, aber keine Giftstoffe in sich tragen. Sie nützen die abschreckenden Farben und Zeichnungen zur Abschrekkung. Diese Vorspiegelung falscher Tatsachen wird als Mimikry oder Warntracht bezeichnet.

In diesem Sinne nicht ganz ehrlich verhält sich auch so manche Ragwurz. Diese reizenden Orchideen zeigen Blütenlippen, deren Zeichnungen Bienen, Hummeln, Fliegen oder Spinnen ähneln. Solchen Imitationen gehen dann die jeweiligen Männchen „auf den Leim", die zusätzlich von Sexualduftstoffen der Orchideenblüten angelockt werden. Jede Liebeswerbung endet für das Tier jedoch erfolglos, nicht aber für die betrügerische

Blüte. Durch die Begattungsversuche werden dem Insekt nämlich Pollenkörner an den Körper geheftet. Das Ziel der Täuschung ist somit erreicht. Das betrogene Männchen fliegt unverrichteter Dinge davon, um bei der nächsten Blüte sein Glück noch einmal zu versuchen, gleichzeitig überträgt es den Pollen und hat somit der Pflanze einen Dienst getan, ohne zur Vermehrung seiner eigenen Art beigetragen zu haben.

Auch der schöne Frauenschuh setzt ungewöhnliche Mittel zur Arterhaltung ein. Durch Duft und Farbe werden kleine Erdbienen angelockt, die dann am Rand der pantoffelähnlichen Blüte keinen Halt finden und in das Innere abrutschen. Erst nach einigen Irrungen gelangt das geschockte Insekt, mit Pollen beladen, an der Narbe vorbei wieder ins Freie. Bei der nächsten Blüte wiederholt sich der Vorgang, und die Narbe wird durch die Übertragung des Pollens der letzten Gastgeberin bestäubt. Dabei wird auch der Blütenstaub der eigenen Blüte übertragen und dadurch entsteht eine große Anzahl natürlicher Hybriden. Die Raffinesse der Orchideen wird mit einer großen Vielfalt belohnt, wobei Selbstbestäubung in der Natur seltener vorkommt, um Inzucht und somit Degeneration zu vermeiden.

Eine auffallende weißblühende Orchideenart mit dem Namen „Stern von Afrika“ (*Angraecum sesquipedale*) entwickelt auf Madagaskar in ihrem Blütenaufbau einen Sporn, der über 30 cm lang ist. Nun hat nur eine einzige Nachtfalterart einen entsprechend langen Rüssel, um an den Nektar heranzukommen. Mit ihm nimmt der Falter auch Pollenpakete mit, die er beim Besuch der nächsten Pflanze derselben Art wieder ablädt. Stirbt dieser Nachtfalter aus, hat auch diese faszinierende Orchidee keine Chance mehr. Dies ist keine Utopie, sind doch von den Urwäldern auf Madagaskar kaum noch 10 Prozent erhalten und somit der Lebensraum von Pflanze und Falter extrem eingeschränkt!

Unter den Orchideen hat nur die Vanille praktische Verwendung, und zwar in der Küche, gefunden. Die extravagante Zierpflanze ist ein Wurzelkletterer und stammt aus Mexiko, wird aber auch sonst häufig in den Tropen gezogen. Aus ihren unreifen Kapseln, den sogenannten Vanilleschoten, wird der beliebte Vanillezucker gewonnen.

Die Bromelien oder Ananasgewächse zählen in ihrer Mannigfaltigkeit neben den Orchideen zu den dankbarsten und auch farbenprächtigsten Blütenpflanzen in Tropenhäusern, so auch im Schönbrunner Palmenhaus. Nach dem Abblühen wirken ihre bunten Blätter, auch wenn sie schon eingetrocknet sind, noch lange Zeit sehr attraktiv. Genau wie die Orchideen wachsen Bromelien meist auf Bäumen. Insgesamt existieren mehr als 2000 Arten von Ananasgewächsen, manche davon sind Riesen von zwei Metern Durchmesser, andere wiederum nur wenige Zentimeter groß. Einige lieben

Ein Bromeliengewächs: Die Billbergie

die Trockenheit und können daher zusammen mit Kakteen und anderen Sukkulenten kultiviert werden. Andere hingegen benötigen hohe Luftfeuchtigkeit.

Besonders große Bromelien wachsen in den Andenregionen Südamerikas. *Puya raimondii* zum Beispiel entwickelt einen bis zu vier Meter hohen Stamm, der Blütenschaft kann sogar fünf weitere Meter hoch werden. Ihre Blüten werden von Kolibris bestäubt. Im Gegensatz dazu bildet das Louisiana-„Moos" (*Tillandsia usneoides*) nur winzige, kaum sichtbare Blüten aus. Die Heimat der Bromelien reicht von Mittelamerika über die kühlen Bergregionen der Anden bis hin zu den feuchtwarmen Urwäldern der Tropengebiete des Amazonas. Eine einzige Bromelie hat es geschafft, außerhalb Amerikas, und zwar in Afrika, Fuß zu fassen. Es ist dies *Pitcairnia feliciana*, die erst 1937 in Guinea entdeckt wurde.

Die Schönbrunner Bromelien findet man alle in der tropischen Abteilung. Viele besonders schöne Ananasgewächse gibt es unter den epiphytisch wachsenden. Gemeinsam mit Orchideen, Farnen und kleinen Aronstabgewächsen bevölkern sie Urwaldbäume wie die riesigen Woll- oder Kapokbäume. Mit der Ausbildung der Blüten verlieren die Bromelien aber die Fähigkeit weiterzuwachsen und sterben langsam ab. Ihre Art überlebt jedoch, indem sie Seitentriebe oder „Kindeln“ um die Mutterpflanze bildet. Manche von ihnen treiben diese so zahlreich, daß mitunter riesige „Nester“ entstehen. Ältere Urwaldriesen, die oft große Ansammlungen solcher Bromelien tragen, geraten nicht selten in Bedrängnis. Das Gewicht des in den Pflanzenrosetten befindlichen Wassers kann die Bäume nach starken Regenfällen sogar zum Umstürzen bringen.

Häufig übernehmen bunt gefärbte sogenannte Deckblätter oder zentral gelegene Rosettenblätter anstelle der oft unscheinbar gefärbten Blüten die Anlockung der bestäubenden Insekten. Bromelien leben mit wenigen Ausnahmen mehrere Jahre. Nach ihren Lebensansprüchen und der daraus resultierenden Wuchsform unterscheidet man drei Gruppen.

Xerophytische Bromelien sind extrem der Trockenheit angepaßt. Sie besitzen dichtblättrige Rosetten, die oft stark bestachelt sind, und weisen ein gut entwickeltes Wurzelsystem auf. Hier hat die Wurzel neben der Verankerung der Pflanze im Boden auch die Aufgabe, Wasser mit den darin gelösten Nährstoffen aufzunehmen. Diese Bromelien-Gruppe umfaßt oft polsterbildende Erdbewohner und ihre schmalen Blätter gestatten keine Wasseransammlungen, sondern das Wasser wird in besonderen Speichergeweben des Blattes festgehalten. Die für Bromelien so typischen Saugschuppen der Blätter, die sonst das Wasser aufnehmen, schützen hier nur gegen das Verdunsten, ähnlich den filzigen Haaren vieler anderer Xerophyten. Somit können Vertreter dieser Gruppe ohne weiteres mit Kakteen, „Lebenden Steinen” und anderen Sukkulenten zusammen gezogen werden. Da die Luftfeuchtigkeit im Palmenhaus für solche Bromelien eigentlich zu hoch ist, werden diese Pflanzen in Schönbrunn nur gelegentlich in der tropischen Abteilung zur Schau gestellt.

Neben den xerophytischen Bromelien existieren die zisternenbildenden Ananasgewächse, die durch dichten Zusammenschluß der basalen Teile ihrer Rosettenblätter Wasservorratsbehälter bilden. Daher sollen sie auch immer von oben gegossen werden. Wenn man sie über die Wintermonate kühler halten will, muß man das Wasser entfernen, damit sie nicht zu faulen beginnen.

So manche tropische Froschart legt im gesammelten Wasser der Bromelien ihren Laich ab und läßt die Kaulquappen darin schwimmen. Es kann sogar vorkommen, daß die aus ihnen hervorgegangenen ausgewachsenen Frösche nie solche Mikroaquarien verlassen. Sie brauchen nur darauf zu warten, daß sich ein Insekt vor ihr Maul verirrt – dann schnappen sie einfach zu.

In den Zisternen der Bromelienblätter finden sich echte Saugschuppen, die das Wasser mit den Nährsalzen aufnehmen. Sie funktionieren im Prinzip wie jene Tischaschenbecher, bei denen durch Knopfdruck ein Deckel hochgehoben wird, der sich kurz darauf wieder über Asche und Rauch schließt. Hier können sich tote Schildzellen mit Wasser füllen, das von lebenden Fußzellen abgesaugt und an die benachbarten Parenchymzellen weitergegeben wird. Bei starkem Regen schwellen die Fußzellen an, wobei sie sich strecken und den Schild hochheben, wodurch die Wasseraufnahme noch besser abläuft. Dementsprechend sind bei diesen Bromelien die Wurzeln oft nur schwach entwickelt, sie halten gerade nur die Pflanzen im Boden.

Jene Arten, die den Urwaldboden besiedeln und ständig hohe Luftfeuchtigkeit um sich haben, nehmen das Wasser zwar auch durch Saugschuppen auf, bilden aber keine Zisternen aus. Ferner kann man beobachten, daß die dünnerblättrigen, schwach bestachelten und saugschuppenlosen Arten feuchtere und wärmere, dabei aber schattige Standorte lieben. Die hartblättrigen, bewehrten und beschuppten Zisternenbromelien sind hingegen diesbezüglich nicht so anspruchsvoll, bevorzugen jedoch lichtere Plätze.

An dritter Stelle stehen die atmosphärischen Bromelien oder Tillandsien mit 400 bekannten Arten, die nur kurzfristig in ihrer Jugend Wurzeln besitzen, diese später aber wieder vollkommen zurückbilden und ausschließlich epiphytisch leben. Sie verspreizen sich dabei mit ihren Blättern auf den Trägerpflanzen oder drehen sogar ihre Blattspitzen ein, wobei sie ihr Substrat fest umschlingen. Das Wasser nehmen sie in Form feinster Nebeltröpfchen direkt aus der Luft auf. Im trockenen Zustand erscheinen die Tillandsien weißlich, im feuchten hingegen grün. Südamerika-Reisende stellen immer wieder mit Erstaunen fest, daß nicht nur von den Bäumen, sondern in den Großstädten sogar von Telephondrähten und elektrischen Leitungen oft viele Meter lange Bärte herabhängen, die als „Spanisches Moos" bezeichnet werden. Diese Tillandsien sind unseren einheimischen Flechten ähnlich, besonders der Baumbartflechte. Spanisches Moos wird in Schönbrunn auch auf dem Epiphytenbaum in der tropischen Abteilung angesiedelt.

Die heute in Europa überall erhältliche Obstananas wurde schon in präkolumbianischer Zeit in zahlreichen Sorten von den Ureinwohnern Südbrasiliens und Paraguays kultiviert. Indios überreichten Kolumbus nach seiner zweiten Atlantik-Überquerung auf der Insel Guadeloupe erstmals eine solche Frucht. Schon bald wurde die Ananas in Afrika gepflanzt, auf Madagaskar und in Indien kultiviert, aber erst 1896 gelangte sie von Australien in eines der derzeit größten Anbaugebiete der Erde, nach Hawaii. Hier allerdings wurde ihr und auch der intensiven Rinderzucht ein Großteil der ein-

Versteckt hinter üppigen Blättern:
Schmackhafte Ananasfrucht

heimischen, endemischen Flora geopfert. Heute kann man die allerletzten Reste dieser ursprünglichen Pflanzenwelt oft nur mehr aus weiter Entfernung bewundern. In Europa wurde die Ananas zuerst in Gewächshäusern Englands und Frankreichs gepflanzt und ständig in ihrer Qualität verbessert. Die exotischen Ananas werden in Schönbrunn mit anderen Bromelien im wärmsten Pavillon des Hauses gezeigt.

Die erdbewohnende, mehrjährige Obstananas gedeiht am besten bei einer mittleren Jahrestemperatur von + 25° bis + 32° C, gleichmäßig hohen Niederschlägen und hoher Luftfeuchtigkeit. Aus den Achseln der stacheligen Rosettenblätter entspringen Ausläufer mit den bereits erwähnten „Kindeln", die der ungeschlechtlichen Vermehrung dienen. Nach ein bis zwei Jahren wächst der Sproß in die Länge und bildet am Ende eine Blütenähre. Aus den rosa gefärbten, spitzen Tragblättern gehen ebenfalls rosafarbene bis blaßblaue Blüten hervor.

Ohne Bestäubung und Befruchtung entwickelt sich auch hier die Frucht. Die obersten, blütenlosen Tragblätter bilden einen grünen Blattschopf, der abgeschnitten und sofort wieder in die Erde gesteckt werden kann – eine einfache, zeitsparende und billige Art der vegetativen Vermehrung. Da dieser Fruchtstand äußerlich etwas einem Pinienzapfen ähnelt, nannten die Spanier die Ananas „Piña" und die Engländer machten daraus den „Pineapple".

Die Frucht wird bis zu zweieinhalb Kilogramm schwer, sie enthält 15 Prozent Zucker und im frischem Zustand viele wichtige Aufbaustoffe wie Kalk, Eisen, verschiedene Fruchtsäuren, die Vitamine B1, B2 und C sowie Bromin, das bei Magensäuremangel und Verdauungsstörungen hilft. Weitere Enzyme fördern Fettabbau, aber auch bei Fieber und Erkältungskrankheiten können frische Ananas eine deutliche Erleichterung bewirken. Das bekannte Brennen in der Mundhöhle nach dem Verzehr frischer Früchte wird durch mikroskopisch kleine Kristallnadeln verursacht.

Man kennt heute drei wichtige Kulturformen der Ananas: *Ananas comosus* bildet noch keimfähige Samen aus, *Ananas sativus* ist bereits samenlos, und *Ananas lucidus* wird wegen ihrer stachellosen Blätter bei den Plantagenarbeitern aus begreiflichen Gründen sehr geschätzt. Je nach der Entfernung vom Äquator beziehungsweise je nach der Höhenlage, in der sie kultiviert wird, benötigt diese Sammelfrucht zehn bis 24 Monate zur Reife.

Weniger bekannt ist, daß diese tropische Frucht seit Jahrhunderten auch als Faserpflanze gezogen wird. Die Fasern werden in Handarbeit aus den Blättern gewonnen und für die Erzeugung der bekannten Spitzenschleier oder Mantillas verwendet.

Die epiphytisch wachsenden, bunten Bromelien sind im Gegensatz zu den vitaminspendenden Ananas „nur" ein erfreulicher Anblick bei einem Rundgang durch die Tropenabteilung des Schönbrunner Palmenhauses.

Die Fleischfresser: Eiweißverdauende Pflanzen

Fleischfressende Pflanzen zählen bei vielen Besuchern des Wiener Palmenhauses zu den beliebtesten Objekten. Besonders Schulklassen kommen häufig eigens nach Schönbrunn, um die interessanten Exemplare dieser „gefährlichen" Pflanzen hautnah zu erleben.

Es hat lange gedauert, bis es der botanischen Wissenschaft gelungen ist, die Geheimnisse der fleischfressenden Pflanzen zu enthüllen. Heute kennt man die biochemischen Zusammenhänge und weiß, warum manche Pflanzenarten auf die ausgefallene Idee gekommen sind, Insekten, Spinnen, Milben, Asseln, Tausendfüßer, ja sogar Frösche, Eidechsen, junge Vögel und Mäuse zu fangen, festzuhalten und zu „fressen".

Um körpereigenes Eiweiß, das nach einem ganz eigenen Muster konzipiert ist, aufbauen zu können, benötigt jedes Lebewesen nämlich unbedingt die sechs chemischen Elemente: Kohlenstoff, Sauerstoff, Wasserstoff, Stickstoff, Schwefel und Phosphor. Diese Stoffe werden zu sogenannten Aminosäuren zusammengefügt, die ihrerseits wieder die aus tausenden Aminosäuren bestehenden Eiweiß-Moleküle aufbauen. Fehlt dem Boden aber der Stickstoff, so sind die Pflanzen gezwungen, sich diesen durch Tierfang zu besorgen. Hier frißt also „das Gras die Kuh"! Bei jedem Verdauungsvorgang werden die Eiweiß-Moleküle schrittweise durch die entsprechenden Enzyme bis zu den Aminosäuren abgebaut, aus denen sich dann der neue Organismus wieder sein arteigenes Eiweiß aufbauen kann.

Die Sorge der Pflanzenfreunde um genügend Futter für ihre Fleischfresser ist jedoch unbegründet. Denn bei Verwendung von Erde, in der der Stickstoff in Form löslicher Bodensalze vorhanden ist, brauchen die Pflanzen natürlich keine Tiere um zu überleben, sie gedeihen auch so.

Zahlreich sind die Tricks, mit denen sich die Fleischfresser im Pflanzenreich ihre Beute beschaffen. Auffällig sind jedenfalls immer fleischfarbenrote bis grüne Blätter, die oft noch zusätzlich eine blumenähnliche Musterung besitzen, was vor allem Insekten anlockt. Um Carnivoren zu beobachten, muß man aber nicht unbedingt in die Tropen reisen, wo sie sich oft auf Bäumen befinden oder lianenartig wachsen. Auch in den österreichischen Moor- und Heidegebieten, zum Beispiel im Waldviertel, sind sie anzutreffen, sofern man nicht die „nutzlosen und sauren" Wiesen trockengelegt hat, um zusätzliches Ackerland zu gewinnen. Im Schönbrunner Palmenhaus kann man manche dieser ungewöhnlichen Pflanzen am Tropentümpel in der Süd-Abteilung aus nächster Nähe bestaunen. Von Zeit zu Zeit werden verschiedene andere Arten in einer eigenen Schauvitrine präsentiert.

Gefährliche Venus

Eine botanische Systematisierung erleichtert das Verständnis um die Eigenheiten dieser Pflanzenarten. Man unterscheidet grundsätzlich zwischen passiven und aktiven Fallenstellern. Zu den passiven Fallenstellern zählen die meisten der etwa 525 Arten aus insgesamt sieben Familien. Sie versuchen mit nur wenig Energieaufwand, zu ihrer Beute zu kommen. An erster Stelle stehen die sogenannten Fallgruben, die ein altbewährtes Verfahren sind.

Kannenpflanzen (*Nepenthes* und *Cephalotus*), die in Südostasien, Australien und Madagaskar beheimatet sind, bilden ihre Blätter zu kannen- oder krugförmigen Fangorganen um. Die Kannenöffnung wird in der

Jugend von einem Deckel, der sich später aufrichtet und – entgegen einer weitverbreiteten Meinung – beim Tierfang nicht mehr zuklappt, bakteriensicher verschlossen. Er soll wahrscheinlich das Eindringen von Regenwasser, das den Verdauungssaft zu stark verdünnen würde, verhindern. Ein besonders feinkörniger, dachziegelartig angeordneter Wachsüberzug löst sich teilweise schon bei der geringsten Berührung von seiner Unterlage und verklebt die Füße der von speziellen Honigdrüsen angelockten, eingedrungenen Tiere. Diese können nun nicht mehr hochkriechen, was durch nach unten gerichtete Borsten erschwert wird. Nach ungefähr fünf bis acht Stunden sind die Insekten verdaut.

Die Kannenflüssigkeit diente schon so manchem Forschungsreisenden zum Stillen seines Durstes, was einer der beiden Gattungen ihren wissenschaftlichen Namen eingehandelt hat. „Ne penthes" bedeutet „keinen Kummer haben". In freier Natur wurden auch immer wieder Affen beobachtet, wie sie die Deckel dieser Pflanzen abheben und die Flüssigkeit trinken. Eingeborene kochen oft Reis, den sie vorher in Nepenthes-Kannen füllten, und essen ihn dann zusammen mit Früchten.

Die Kannen der Pflanze sind nicht nur Todesfallen, sondern bieten auch vielen kleinen Organismen einen Lebensraum. Larven von Stechmücken und Schmetterlingen, Fadenwürmer, Milben, Krebse, tierische Einzeller und verschiedene Algen naschen hier mit. Da stellt sich nun aber die Frage, warum sie nicht mitverdaut werden? Ähnlich wie Eingeweidewürmer scheiden sie Anti-Enzyme aus und nur wenn sie tot sind, ereilt auch sie das gleiche Schicksal.

Die größte Kanne, die je beobachtet wurde, besitzt die Art *Nepenthes rajah.* Dieses Fangorgan ist 50 cm lang, 16 cm breit, mißt im Durchmesser 10 cm und besitzt ein Volumen von zwei Litern! Den überängstlichen Pflanzenliebhabern sei versichert: Man kann unbesorgt den Finger in so eine Kanne stecken!

Die kleinen Krüge der Gattung *Cephalotus,* die am Boden rosettenförmig gebildet werden, wirken dagegen wie Miniaturausgaben der großen Nepenthes-Kannen. Die stark behaarte Außenseite und zwei vorne herablaufende Flügelleisten erleichtern das Festhalten und Hinaufklettern zum Kannenrand. Außerdem besitzt jede Falle einwärtsgerichtete Haken und einen schmierig-glatten Wachsüberzug, was das Herauskriechen der gefangenen Tiere verhindert. Spezielle Bakterien helfen bei der Verdauung, indem auch sie die Nahrung (natürlich für sich selbst) aufschließen, ähnlich der „Darmflora" des Menschen oder höherer Tiere. Das Vorkommen dieser Pflanzen ist auf ein eng begrenztes Gebiet längs des westlichen Teils der australischen Südküste beschränkt. Sie wachsen in dichten, schilfdurchwachsenen Hochmooren, auf nicht zu nassem Torfboden und auf feuchtem Sand.

Eingang zur Kanne
einer fleischfressenden Pflanze

Tödliche Fallen – die Kannenpflanze

Schlauchpflanzen (*Sarracenia*) leben in Nordamerika, und zwar überwiegend in feuchten und sumpfigen Gebieten. Linné benannte diese Gattung nach dem Quebecer Arzt und Botaniker Michel Sarrasin. Hier erreichen manche Arten eine Schlauchlänge von einem Meter! Nektardrüsen und sogenannte Ameisenfährten locken Insekten an, leiten sie gleichsam ins Verderben, und auch hier verhindern eine Gleitzone und die nach unten gerichteten Haare das Entweichen der Beute. Bakterien spalten die Nahrung auf, und wieder finden verschiedene Tiere hier ihren Lebensraum: Larven von Motten und Einsiedlerwespen, Rädertierchen, Fadenwürmer und tierische Einzeller.

Verblüffend ist das Verhalten der Fleischfliegenmade *Sarcophaga sarraceniae* (Sarcophaga bedeutet Fleischfresserin). Diese Fliege kann wegen ihrer besonders ausgebildeten Fußglieder aus dem Schlauch entkommen, nachdem sie ihre Eier in die toten Tiere abgelegt hat. Die Larven bohren dann Löcher durch die Schläuche, verlassen diese und verpuppen sich im Boden. Auch sind die gefüllten Fangorgane für zahlreiche Vogelarten ein gefundenes Fressen. Sie picken einfach die Schläuche auf und verspeisen deren Inhalt!

Die Kobrapflanzen *(Darlingtonia)* leben nur auf einem sehr kleinen Areal an feuchten Standorten der Sierra Nevada zwischen 300 und 2000 Metern über dem Meer. Benannt wurden sie nach dem amerikanischen Botaniker William Darlington. Sie können ebenfalls bis zu einem Meter lange Fangschläuche bilden, deren Öffnung im Gegensatz zu anderen Gattungen nach unten gerichtet ist. Eine nektardrüsenbesetzte „Zunge“ lockt die Beutetiere an und, damit sie sich beim Hineinkriechen nicht schrecken, besitzen die Schläuche ganz oben sogar noch lichtdurchlässige „Fenster“. Durch diese können die Tiere aber nicht entweichen, denn erstens sind die Fenster verschlossen und zweitens verhindern die Gleitzone und die abwärts gerichteten Haare dies in jedem Fall. Auch hier unterstützen Bakterien die Verdauung.

Ganz anders funktionieren die „Klebefallen“. Dabei scheiden die Pflanzen mit zahlreichen Drüsenhaaren ihrer Tentakel, die sich auf den Blättern befinden, in der Sonne stark glitzernde und nach Honig riechende „Tautröpfchen“ aus. Sie erinnern an den guten, alten Fliegenleim.

Die Gattung Sonnentau (*Drosera*) besteht aus 84 Arten und besitzt von allen Gattungen fleischfressender Pflanzen das größte Verbreitungsgebiet. In der nördlichen gemäßigten Zone Europas, also auch in Österreich, ist sie durch den Rundblättrigen, den Langblättrigen und den Mittleren Sonnentau vertreten, die übrigen Arten verteilen sich auf das amerikanische, afrikanische und indisch-australische Florenreich. Fast alle Sonnentau-Arten sind Bewohner von Mooren und Teichrändern, jedoch gibt es hier auch trockenangepaßte Arten, die im Samenzustand oder mit zwiebelähnlichen Sproßknollen überdauern können. Nach einer Reizung setzen die Tentakelbewegungen ein bis drei Minuten später ein, Befreiungsversuche gefangener Beutetiere bewirken hingegen zusätzliche Tentakelkrümmungen, die teils scharnierartig, teils wachstumsbedingt erfolgen. Im ersten Fall spricht man von nastischen, im zweiten von tropistischen Bewegungen. Schließlich krümmt sich bei Dauerreizungen sogar die ganze Blattfläche und legt sich über das gefangene Tier. Befinden sich auf ein- und demselben Blatt aber

Verhängnisvoller Tau

mehrere Beutetiere, so bilden sich auch mehrere Gruppen sich krümmender Tentakel. Nach der Verdauung richten sich diese wieder auf, sondern vorerst aber keinen Schleim ab, bis die unverdaulichen Reste durch Regen oder Wind wieder entfernt sind.

Die einheimischen Sonnentau-Arten stehen zwar alle unter strengem Schutz, werden aber leider trotzdem noch gesammelt, da ihre Zellinhaltsstoffe ein altes Naturheilmittel gegen Warzen, Wassersucht, Brustkrankheiten, Wechselfieber, Augenleiden und Husten liefern. Die unterirdischen Organe australischer Arten liefern einen roten und grünen Farbstoff, der in der Seidenfärberei verwendet wird. Unsere einheimischen Arten wurden früher zum Rot- und Gelbfärben von Bonbons verwendet.

Dem genügsamen Taublatt (*Drosophyllum*), das in Portugal, Südwest-Spanien und in Nord-Marokko vorkommt, reichen schon die Seenebel trokkener Küstenebenen zum Überleben. Portugiesische Bauern ziehen diese Insektivoren in Töpfen oder hängen sie büschelweise an Balken auf, und schon nach wenigen Stunden kleben hunderte Fliegen daran fest. Im Verlauf einer einzigen Vegetationsperiode fängt eine dieser Pflanzen über 1000 Fliegen und einmal wurde sogar eine Tagesbeute von gezählten 233 festgestellt. Auffallend sind die in der Jugend schneckenartig eingerollten, dreikantigen Blätter. Die Tentakel befinden sich hier auf der Blattunterseite! Reizt man die Pflanze nur mit Sandkörnchen, Holz- oder Papierfasern, unterlassen die Verdauungsdrüsen verständlicherweise ihre Tätigkeit.

Ähnlich wie das Taublatt verhält sich auch die Regenbogenpflanze (*Byblis*). Sie ist eine reine Australierin und die Ausscheidungen ihrer Drüsenköpfe glänzen in der Sonne wie die Tränen der Byblis, der schönen Tochter des Milenus, was dieser Carnivore zu ihrem Namen verholfen hat. Sie wächst an Ufern von Tümpeln, am Rand von Wasserfällen und in Sumpfgebieten. Ihre Blätter sind ebenfalls dreikantig und im Knospenzustand schneckenartig eingerollt. Der ganze Körper – mit Ausnahme der Wurzeln – ist drüsenbesetzt. Diese Pflanze ist bekannt dafür, daß sie eine Unmenge von Insekten fangen und verdauen kann – der „Vielfraß“ also unter den fleischfressenden Pflanzen!

Das Fettkraut (*Pinguicula*) hat seinen Namen von den wachsüberzogenen, „fettigen“, tentakelbesetzten Blättern. Es sind hier zweierlei Drüsen vorhanden: solche, mit denen die Beute gefangen und festgehalten wird, und andere, die enzymreiche Verdauungsflüssigkeiten ausscheiden. Auch bei dieser Gattung können die Blätter nur drei bis vier Mal Insekten fangen, dann sterben sie ab. Die Fangblätter weisen keine besonderen Anlockungseinrichtungen auf, somit ist die Pflanze auf kriechende und sich zufällig dorthin verirrende Bodentiere angewiesen.

Ähnlich wie beim Rundblättrigen Sonnentau werden dem Boden anliegende Blattrosetten ausgebildet. Die Heimat der etwa 50 Arten ist das gemäßigte und kühle Eurasien sowie Nordafrika und Nordamerika. Einige Arten wachsen außerdem auf subtropischen Standorten von Mittelamerika bis Feuerland. In Mitteleuropa kommt das Fettkraut im Gebirge sogar bis zu 2600 Metern Höhe vor und bevorzugt hier feuchte, offene Standorte. Im Tiefland gedeiht es in Mooren. Zwei Arten leben sogar als Aufwuchspflanzen (epiphytisch). Das Fettkraut ist die häufigste Gattung der in Mitteleuropa gedeihenden insektenfangenden Pflanzen. Häufig begegnet man ihm bei Bergwanderungen an feuchten Waldrändern und Bergwiesen. Bei genauerer Betrachtung kann man eine große Zahl winziger Tiere an seinen fleischigen, klebrigen Blättern erkennen.

Die andere große Gruppe der Pflanzenfresser, die aktiven Fallensteller, müssen sich sehr bemühen, um zu ihrer Nahrung zu kommen. Dabei entwickelten sie zwei grundsätzlich verschiedene Fangmechanismen: nämlich „Klappfallen“ und „Saugfallen“. Dazu zählt die wohl bekannteste fleischfressende Pflanze überhaupt, die Venusfliegenfalle (*Dionaea muscipula*). Sie wächst nur auf Mooren und nassem Heideboden in den küstennahen Gebieten von Carolina. Der Londoner Kaufmann John Ellis, der sie entdeckte, benannte sie nach Dione, der Mutter der Venus, bzw. nach ihrem Fangmechanismus als Fliegenfalle. Charles Darwin bezeichnete sie als die „bemerkenswerteste Pflanze“ überhaupt, denn ihre Klappfallen sind zu „Tellereisen“ umgebildete Blätter.

Heute kennt man die Bedingungen, unter denen die Falle zuschnappt. Auf dem größten Teil der Blattoberseite sitzen dichtgedrängt große Drüsen, die etwas hervorstehen und der Verdauung dienen. Am Blattrand befinden sich hingegen mehr eingesenkte Drüsen. Sie produzieren Stoffe, die Tiere anlocken. Jede Fangblatthälfte besitzt außerdem drei kleine Borsten. Verbiegt ein Beutetier beim Hinaufkriechen innerhalb von 20 Sekunden zwei auseinanderliegende Fühlborsten, so klappt die Falle sofort zu. Prasselnder Regen hingegen oder sehr kleine Beutetiere reizen die Pflanze nicht, denn davon wird man ja auch nicht satt.

Erst zwei bis drei Tage nach dem Fang ist das Blatt vollgefüllt mit Verdauungssekret. Die Zersetzung der Beute dauert – je nach Größe – im allgemeinen ein bis zwei Wochen, dann öffnet sich die Falle wieder innerhalb von ein bis zwei Tagen, ist ebensolange unempfindlich und kann dann maximal noch weitere vier Mal zuschlagen. Danach stirbt sie ab und wird durch neu herangewachsene Fangblätter ersetzt.

Gelegentlich ist im Palmenhaus auch der Wasserschlauch (*Utricularia*) zu sehen. Diese Gattung ist mit etwa 275 bekannten Arten die größte unter den Insektivoren und ein wahrer Kosmopolit. Sogar in den Donauauen kommt sie vor. Die größte Artenfülle findet man jedoch in den Tropen, besonders in Brasilien. Die meisten Arten leben submers, einige sogar in den Wasseransammlungen von Bromelien-Zisternen, andere auf Moorboden. Häufig sind sie Epiphyten. Wenn sie unter Wasser leben, ragen nur die gelben Blüten über die Oberfläche. Zahlreiche kleine, etwa fünf Millimeter große Fangblasen – ebenfalls umgewandelte Blätter – wurden früher irrtümlich als Schwimmkörper gedeutet.

Der Zugang dieser Blasen ist mit einer Klappe wasserdicht verschlossen. Rund um die sogenannte Mundöffnung befinden sich Fühlborsten, bei deren Berührung die Klappe nach innen aufspringt. Durch Entspannen der vorher elastisch gespannten und stark eingedrückten Blasenwände entsteht ein plötzlicher Sog, der das Beutetier in das Blaseninnere reißt. Dann verschließt diese Klappe sofort wieder den Eingang. Bereits nach 15 bis 20 Minuten ist die Blase wieder gespannt, und schon nach 90 Minuten kann der ganze Fangmechanismus von neuem beginnen. Oft schwimmen die gefangenen Tiere (Krebschen, Rädertierchen, tierische Einzeller) bis zu einer Woche in den Blasen umher, bis sie schließlich verdaut und resorbiert werden. Die unverdaulichen Reste bleiben dann solange darin, bis diese Fangorgane welken und mit ihnen abfallen. Auch so manch frisch geschlüpfter Fisch hat hier sein junges Leben frühzeitig ausgehaucht.

Will man fleischverdauende Pflanzen in der Wohnung oder im Garten halten, so kann man heute schon in vielen Geschäften Nachzüchtungen, Sorten und Kreuzungen erstehen. Vorsicht ist bei der Haltung der Pflanzen geboten: Das kalkhältige Wasser beschert den Pfleglingen meist kein allzu langes Leben! Da hilft zumindest ein Abkochen des Wassers oder die Verwendung des teuren destillierten Wassers und die Beigabe von Torf, denn diese Pflanzen benötigen unbedingt „saures“ Wasser, wie es in den Mooren und tropischen Tümpeln vorhanden ist.

Tropische Arten benötigen außerdem eine hohe Luftfeuchtigkeit, die man – so man die Zeit dafür erübrigt – durch tägliches mehrfaches Besprühen teilweise erzielen kann. Besser allerdings bewähren sich Vitrinen, die die Feuchtigkeit auch speichern. „Insektivoren-Kasten“ aus Eternit mit Schiebefenstern und Abdeckungen aus Plexiglas haben sich als Freilandvitrinen sehr bewährt, wobei die Abdeckungen Wolkenbrüche und Hagel aushalten sollen. Immer aber benötigen die Pflanzen viel Licht, damit sie nicht zu sehr in die Länge wachsen.

Lebende Fossilien

Mit etwas Phantasie kann man im Wiener Palmenhaus sogar eine Reise in die Vergangenheit der Erde unternehmen, denn dort gibt es „lebende Fossilien" zu sehen. Als fossil wird heute bezeichnet, was vor der geologischen Gegenwart, also vor mehr als 10 000 Jahren, gelebt hat.

In der Nordabteilung des Wiener Palmenhauses fallen dem Besucher sofort die großen japanischen Hanfpalmen und die mächtigen Baumfarne aus Australien auf. Auch zwei weit ausladende Zimmertannen breiten weit ihre Äste aus. Vergleicht man diese drei Pflanzen mit den entsprechenden Fossilfunden aus vergangener Zeit, wird man erstaunt feststellen, daß sie sich genetisch kaum voneinander unterscheiden. Die heute lebenden Vertreter haben im Laufe ihrer langen Entwicklung keine nennenswerten Veränderungen erfahren. Reliktformen der heutigen Pflanzen- und Tierwelt werden als „lebende Fossilien" bezeichnet.

Zu diesen zählt man auch den Ginkgo-, Silberapfel- oder Silberpflaumenbaum. Er hatte im Erdmittelalter zahlreiche, mehr oder weniger ähnlich

Der südafrikanischer Palmfarn ermöglicht eine kurze Reise in die Vergangenheit

aussehende Verwandte, aber nur er allein hat die Jahrmillionen überlebt. Heute ist der Ginkgo nur noch in einigen Provinzen Chinas wildlebend, sonst aber als Parkbaum fast in der ganzen Welt anzutreffen. So auch in der Nähe des Schönbrunner Sonnenuhrhauses, im Botanischen Garten und unweit der Wagenburg. Dieser markante Baum mit seinen vorwiegend zweilappigen Blättern ist gegen Umweltschäden sehr widerstandsfähig und seine Samen und Blätter finden sowohl in der Homöopathie als auch in der traditionellen chinesischen Medizin Verwendung. In China als „Baum der Erkenntnis" verehrt, ist er neben dem Banyanbaum (*Ficus religiosa*) überall bei buddhistischen Tempeln anzutreffen. Auch die Mammutbäume sind lebende Fossilien. Auf ihren natürlichen Standorten können sie bis zu 120 Meter hoch und mehrere tausend Jahre alt werden.

Zu solch ehrwürdigen Alten zählen auch die Palmfarne oder Zapfenpalmen (Cycadineen), die weder mit Palmen noch mit Farnen etwas zu tun haben. Sie waren im Erdmittelalter weltweit verbreitet und kommen heute nur mehr in Südamerika, Afrika, Australien, Madagaskar, Japan und Polynesien vor. Die wirtschaftliche Bedeutung dieser fossilen Pflanzengruppe ist gering, nur aus dem stärkereichen Mark mancher Arten wird Sago gewonnen. Einige stattliche Exemplare sind in der Tropenabteilung des Wiener Palmenhauses zu sehen, wahrscheinlich auch solche noch von der legendären Südafrika-Expedition der Jahre 1785 bis 1788. Auch die Kaurifichte Neuseelands, die Araukarien (Zimmertannen) der Norfolk-Inseln und Chiles und die Schirmtanne Japans zählen zu den lebenden Fossilien.

Die Ahnen vieler lebender Fossilien existieren auch noch im 21. Jahrhundert, nämlich als Steinkohle und Braunkohle. Im Karbon, der Steinkohlenzeit, versanken riesige Wälder von bis zu 10 Meter hohen Farnen, Bärlapp- und Schachtelhalmgewächsen in Sümpfen und bildeten nach Millionen von Jahren – chemisch umgewandelt – Kohle. Ähnliches gilt für die Nadelwälder des Tertiär, der Braunkohlenzeit. Manchmal gibt es im Palmenhaus einen rasenähnlichen Unterwuchs zu sehen, der aus sogenannten Moosfarnen besteht. Die krautige Selaginellitis der Steinkohlenzeit sah vor etwa 260 Millionen Jahren fast so aus wie die heutige Selaginella, daher spricht man auch hier von einem lebenden Fossil.

Die Kaurifichte im Schutz der Architektur

Schirme aus zartem Gewebe

Urtümlich wirken die Wasserfarne, die im Tropentümpel der dritten Abteilung wachsen. Sie sind eine Gruppe von Nachfahren der ältesten Landpflanzen, die als grasbüschelartige Kräuter entlang von Flüssen vorkamen. Manche bildeten binsenartige Bestände, die blattlosen Vertreter lebten teilweise im flachen Wasser. Heute existieren in den Tropen noch insgesamt vier Arten dieser urtümlichen Vorfahren.

Der Schwimmfarn besitzt an seinem Stengel an jedem Knoten drei Blätter. Zwei davon sind als ovale Schwimmblätter ausgebildet, das dritte hängt frei ins Wasser und übernimmt die Rolle der fehlenden Wurzel. Bei der nahe verwandten tropischen Gattung Azolla sind die reich verzweigten Stengel dicht mit Blättchen und zarten, langen Wurzeln besetzt. Jedes dieser Blättchen besitzt zwei Lappen, von denen der obere schwimmt, während der untere taucht und Wasser aufnimmt, gleichsam als zusätzliche Wurzel. Sumpfigen Boden hingegen bewohnt der Kleefarn. Sein kriechender, verzweigter Stengel bringt zahlreiche kleeähnliche, ja sogar vierzählige Blätter hervor, daher auch sein Name. Ebenso wie der nahe verwandte Pillenfarn bildet er Blätter aus, die im Jugendstadium schneckenförmig eingerollt sind.

Junges Farnblatt als Vorbild für den Bischofstab?

Victoria amazonica (regia)

Es war eine kleine Sensation, als nach mehr als 40 Jahren in Schönbrunn wieder eine *Victoria amazonica* erblühte. Dieses Kunststück gelang Gerhard Tichy, dem derzeitigen Abteilungsleiter des Palmenhauses, der mit seinen Mitarbeitern diese aufsehenerregende tropische Seerose in der Mittelabteilung des Hauses auspflanzte. Im August 2001 wartete eine schier endlos lange Menschenschlange geduldig vor dem Schönbrunner Palmenhaus. Über 1600 Besucher kamen zu nächtlicher Stunde ins hell erleuchtete Haus, um einen Blick auf die erblühende Rarität aus Südamerika werfen zu können. Sie alle warteten gespannt auf die Verfärbung der Blüte. Ob es nun die Zugluft der ständig auf- und zugehenden Eingangstür oder die ungewöhnliche nächtliche Wärme, verursacht durch die Scheinwerfer der lauernden Fotografen, war, die Seerose konnte oder wollte vor dem erwartungsvollen Publikum nicht ganz purpurfarben erröten. Zwei Tage lang blieb ihr Farbton hellrosa, bis sie bei Sonnenaufgang schließlich verblühte. Trotzdem war die *Victoria amazonica* die Sensation des Jahres 2001.

Zarter Blütenbeginn – königliche Victoria amazonica

In Erwartung des Bestäubungspartners

Bereits zur Zeit Heinrich Wilhelm Schotts konnte man eine *Victoria regia* – der damals gültige Name – im Berggarten, dem späteren Reservegarten, bestaunen. Nachdem dieser in die Nähe des Meidlinger Tores verlegt worden war, war leider kein geeignetes Haus für die Seerose mehr vorhanden. Daher konnte diese exotische Schönheit 1964 zum letzten Mal von den Besuchern bewundert werden.

Die Entdeckung des außergewöhnlichen Gewächses ist einem Österreicher zu verdanken. Der Naturwissenschafter Thaddäus Haenke aus Böhmen hatte auf Empfehlung des Hofgärtners Nicolaus Jacquin 1788 an einer Forschungsreise durch mehrere Kontinente teilgenommen. Am Mamoréfluß, einem Nebenarm des Amazonas in Bolivien, fand er 1801 jene wunderbare Seerose. 36 Jahre später glaubte der Forschungsreisende Robert Schomburgh, daß er sie als erster entdeckt hätte.

Alles an der „Königin der Seerosen" ist außergewöhnlich: bei entsprechendem Platz können ihre riesigen Schwimmblätter einen Durchmesser bis zu zwei Metern (manche Berichte sprechen sogar von vier Metern!) erreichen und bis zu 80 kg tragen. Zwischen den kräftigen, die Stabilisierung verstärkenden Blattnerven der Blattunterseite und der Wasseroberfläche

Endlich ist es so weit: Die Blüte hat sich kaum merklich verfärbt

halten sich große Luftblasen, die wie Schwimmwesten wirken. Starke Stacheln schützen die Blätter vor ihren Freßfeinden, besonders vor den Seekühen (Sirenen), die als einzige Unterwasser-Säugetiere rein vegetarisch leben, da ihre Ahnen landbewohnende Huftiere waren.

Durch den ca. 6 cm hohen Blattrand und zwei einander gegenüberliegende Einschnitte können die Blätter kaum einreißen oder sich übereinander schieben und gegenseitig beschatten und außerdem kann das tropische Regenwasser wieder leicht abfließen. Unterstützt wird dies durch zahlreiche senkrechte, das Blatt durchziehende Röhrchen, die das Wasser direkt zur Unterseite ableiten. Um sich die enorme Tragkraft der Blätter vor Augen zu halten, sollte man wissen, daß sie sogar die Last eines kleinen Kindes tragen können. Diese riesigen, kräftig geäderten Blätter dienten übrigens Charles Paxton als Vorbild für die Architektur seines „Crystal Palace" in London.

Die bis zu 35 cm große Blüte zeigt ihre ganze Pracht eigenartigerweise nur an zwei aufeinander folgenden Tagen. Vom Nachmittag bis zum frühen Abend des ersten Tages erblüht sie weiß und verströmt einen ananasähnlichen Geruch. Außerdem ist sie in ihrem Inneren um 10° C wärmer als außen. Diese drei Faktoren gemeinsam locken bestäubende Käfer an. Am Morgen schließt sich die Blüte wieder – in ihrem Inneren der gefangene Käfer. Für seine „Verpflegung" sorgt ein schwammiges, stärkehaltiges Gewebe an den Fruchtblättern. Erst am Nachmittag oder Abend des zweiten Tages öffnet sich die Blüte wieder, jetzt ist sie aber kräftig rosarot bis purpur gefärbt und braucht keinen insektenanlockenden Duft mehr auszusenden. Unser Käfer – reich mit Blütenstaub bepackt – zieht wieder aus und übersiedelt, so vorhanden, zur nächsten weißen, duftenden Blüte, um sie mit dem fremden Pollen zu bestäuben. Nach der Pollenübertragung sinkt diese ungewöhnliche Blüte still auf den Grund des Gewässers, wo die Samen heranreifen und der Lebenszyklus von neuem beginnen kann ...

An ihrem natürlichen Standort welken die Schwimmblätter der *Victoria amazonica* in der Trockenzeit, um zur nächsten Regenzeit wieder prächtig wie zuvor zu sprießen. Leider benötigt diese Pflanze sehr viel Licht und dies bedeutet, daß mit den kürzer werdenden Tagen im Herbst auch ihre Blätter verkümmern. Ende Oktober stirbt sie sogar ganz ab und muß daher jedes Jahr neu aus Samen gezogen werden. Im folgenden Frühsommer wird sie dann wieder ausgepflanzt. Alle Versuche, ihre Pracht durch künstliche Beleuchtung zu verlängern, erwiesen sich aus noch unerfindlichen Gründen als vergeblich ... Praktische Verwendung finden die reifen Samen bei den Campesinos, die sie zu Mehl verarbeiten, aus dem gut schmeckendes Gebäck hergestellt wird. 1849 begann erstmals eine *Victoria amazonica* im Botanischen Garten von Kew bei London zu blühen, von der die ersten Samen nach Festlandeuropa gebracht wurden. Die Schönbrunner Pflanze von 2001 stammte von Samen des Botanischen Gartens in München.

Grüne Hölle oder grünes Paradies?

> *„Im tropischen Regenwald, während des stillen Gehens entlang der schattigen Pfade und während des Bewunderns jeder folgenden Aussicht, wünschte ich eine Sprache zu finden, um meine Ideen auszudrücken. Ein beschreibendes Wort nach dem anderen ward gefunden, zu schwach, um für diejenigen, die die tropischen Regionen nicht besucht haben, dieses Gefühl von Wonne zu beschreiben, welches der Geist erfährt."*
>
> Charles Darwin

Unsere Vorstellungen vom Regenwald stammen vielfach aus Romanen und Filmen. Doch welche seiner extremen Bezeichnungen verdient er wirklich? Grüne Hölle? Oder grünes Paradies?

Beim Betreten der Tropenabteilung des Schönbrunner Palmenhauses wird der Besucher besonders in den Sommermonaten mit einer annähernd echten Situation konfrontiert. Meist zeigt sich nach kurzer Gewöhnungszeit an Temperatur und Luftfeuchtigkeit die Mehrheit der Besucher von der Vielfalt der tropischen Gewächse und der üppigen Farbenpracht ihrer Blüten begeistert. Denn eine beeindruckende Vielzahl an unterschiedlichen Pflanzen gedeiht hier wie in dem komplexen Ökosystem eines tropischen Regenwaldes. Hohe Temperaturen und Niederschläge, mehr oder weniger konstant im ganzen Jahr, wirken in der Natur zusammen, um die warme, dampfende Atmosphäre zu erzeugen, die für alle tropischen Regenwälder der Erde, vom Amazonasbecken bis Queensland, charakteristisch ist. Unter diesen Treibhausbedingungen gedeihen Pflanzen in einer bis heute wissenschaftlich noch nicht voll erfaßten Vielfalt.

Einen Teil dieser üppigen Pflanzenwelt der Tropen kann der Besucher im Bereich der Südkuppel des Palmenhauses kennenlernen. Sommertemperaturen um die + 30° C und eine Luftfeuchtigkeit von 90 Prozent bieten den hier wachsenden Pflanzen Bedingungen wie in ihren heimatlichen Gefilden. Doch im Gewächshaus sind all diese Exoten auf die Hilfe des Gärtners angewiesen. Er ist es, der vor allem den im Bodenbereich wachsenden Pflanzen Voraussetzungen schafft, damit auch sie, weit weg vom Licht, ihre natürliche Schönheit entfalten können. Urspünglich nahm der tropische Regenwald 15 Millionen Quadratkilometer der Erde für sich in Anspruch. Doch im vergangenen halben Jahrhundert ist er etwa um die Hälfte geschrumpft: Rodungen von Flächen bis zu 200 000 Quadratkilometern bedrohen seinen Fortbestand. Neueren Schätzungen zufolge sollen 90 Prozent aller Tierarten und mehr als die Hälfte aller Pflanzenarten im tropischen Regenwald leben.

Hohe Temperaturen und Luftfeuchtigkeit garantieren ein Grünes Paradies.

Nirgendwo gibt es mehr Tier- und Pflanzenarten, die jedes Quadratzentimeter Platz nutzen, wie in diesem Lebensraum der Extreme. Und doch ist es kein chaotisches Dickicht, sondern ein komplexes und empfindliches System, das seit Jahrmillionen funktioniert. Millionen Tier- und Pflanzenarten existieren dort in einer unauflöslich verwobenen Lebensgemeinschaft. Allein die Anzahl der Baumarten kann auf nur wenigen Hektar Fläche mehrere Hundert betragen. Zählungen in europäischen oder nordamerikanischen Wäldern ergeben stattdessen nur zehn, vielleicht zwanzig Arten pro Hektar.

Die meisten Geschöpfe dieser Urwälder leben hoch oben im Kronendach. Forscher, die dort neuerdings mit Kränen und Aufzügen hinaufgelangen, können täglich Dutzende neue Arten – hauptsächlich Insekten – entdecken. In einem einzigen, dicht mit Lianen, Orchideen, Bromelien, Farnen und Moosen überwucherten Baum wurden dabei fast 1000 zum Teil neue Käferarten entdeckt.

Blütenwunder der Aphelandra

Meist wird unter dem Begriff Regenwald der tropische Regenwald verstanden. Das sind immergrüne Wälder, die unter ständig feuchten und warmen Bedingungen der äquatorialen Klimazonen im Flachland gedeihen.

Neben dem Tieflandregenwald existieren weitere in Gebirgsregionen, die auch Berg-, Wolken- oder Nebelwälder genannt werden.

Tieflandregenwälder kommen an mehreren Hauptregionen vor: In Mittel- und Südamerika, mit Schwerpunkt im Amazonasbecken, im zentralafrikanischen Kongobecken sowie auf Madagaskar, in Südost-Asien und Nordost-Australien.

Bergwälder treten von 600 bis in 2200 Meter Höhe auf. Ihre Niederschlagsrate übertrifft die der Tieflandregenwälder. Wegen der geringeren Wuchshöhe der Bäume sind sie relativ licht und ermöglichen einen dichten Bodenbewuchs, zum Beispiel aus Moosfarnen und Moosen. Baumfarne sind im Bergwald häufig, Palmen dagegen recht selten. Die Kronen der Bäume sind fast vollständig mit Epiphyten bewachsen.

Ein Regenwald kann ohne Niederschläge nicht existieren. Nur indem die Bäume das Regenwasser verdunsten, können sich die Blätter vor dem Überhitzen und Verbrennen durch die heiße Äquatorsonne schützen. 50 bis 75 Prozent der Niederschläge werden so an die Atmosphäre zurückgegeben, wo sie durch Abkühlung zu neuen Regenwolken kondensieren, die ihre Wassermassen schnell wieder abgeben.

Dieser kleine Kreislauf bewegt im südamerikanischen Regenwald mit drei Viertel des Volumens mehr Wassermassen als der allgemein bekannte große Kreislauf des Wassers mit den Passat-Wolken.

Die im Jahresverlauf relativ konstanten Temperaturen erlauben den Pflanzen des Regenwaldes eine über das ganze Jahr anhaltende Vegetationsperiode und machen ihre Fortpflanzung weitgehend unabhängig vom Klimageschehen.

Die meisten Pflanzen streben dem Licht entgegen und ihnen folgen die Tiere, die von den Früchten und Blättern leben. Von den Pflanzenfressern ernähren sich wiederum die Raubtiere.

Je nach Regenwaldtyp sind die einzelnen Zonen unterschiedlich ausgeprägt. Der Kronenbereich der Baumschicht ist im Tieflandregenwald sehr dicht und hält mehr Licht zurück als die lichten Kronendächer des Bergwaldes. Wegen der heftigen Steig- und Fallwinde an den Gebirgshängen wachsen die Bäume nicht so hoch und die Stammzone ist weniger deutlich ausgeprägt als im Tiefland.

Im helleren Bergregenwald kann sich die Strauchschicht besser entwikkeln als im Tieflandregenwald, wo der Boden meistens nur von wenigen schattenresistenten Pflanzen besiedelt wird und an unseren einheimischen Buchenwald erinnert.

Geheimnisvolle Erscheinung: Hernandiablüte

Wenn von umfallenden Bäumen eine Lichtung geschlagenen wird, beginnt das neue Leben mit einer Kraut- und Strauchschicht, bis sich nach kurzer Zeit das Blätterdach durch raschwachsende Baumarten wie die Ameisenbäume wieder schließt und den darunter liegenden Schichten das Licht nimmt.

In einer solchen Formation bilden Farne, Baumfarne, Aronstabgewächse, blühende Sträucher, niedrig wachsende und junge Bäume ein dichtes Gewirr, das häufig nur mit der Machete zu durchdringen ist.

Nur selten werden Dornen oder Stacheln ausgebildet, ein Überangebot an pflanzlicher Blattmasse erübrigt derartige Abwehrmaßnahmen, nur als Kletterhilfe auf dem Weg zum Licht werden sie manchmal benötigt.

Der Lebensraum Regenwald prägt nicht nur die vielfältige Flora, sondern auch die überaus interessante Tierwelt. Tarnen (Mimese) und Verstekken werden in einem Tropenwald groß geschrieben. Doch nicht nur Tiere beherrschen diese Techniken. Einen besonderen Scherz erlauben sich manche Passionsblumengewächse. Sie sind die einzige Nahrung für Raupen der tropischen Schmetterlingsgattung *Heliconius*. Fliegt ein eilegewilliges

Die attraktive Kohleria aus Kolumbien

Schmetterlingweibchen zu einer dieser Pflanzen, deutet diese ihm oft an, daß sie bereits „besetzt“ ist. Doch die zahlreichen Eier oder Raupen, die vermeintlich das Gewächs „verzieren“, sind in Wirklichkeit nur Imitationen. Nektardrüsen täuschen Schmetterlingeier und kleine, grell gefärbte Blätter frisch geschlüpfte Raupen vor. Auch die Heliconius-Falter sind für Vögel ungenießbar und werden häufig von genießbaren Arten nachgeahmt.

Voraussetzungen, um eine solche Vielfalt und Dichte an Lebewesen erhalten zu können, sind ein ausgeglichenes, stabiles Klima und die notwendige Feuchtigkeit. Zwanzig Grad Wärme und eine Luftfeuchtigkeit von 75 bis 80 Prozent werden in den Tropen kaum unterschritten. Selbst an extrem heißen Tagen schwanken die Tagestemperaturen im tiefen Zentralamazonien nur zwischen + 23° C und + 29° C. Außerhalb des Tropengürtels – besonders in den Monsungebieten – steigen die Temperaturen hingegen auf Extremwerte von über + 40° C.

Die Niederschläge in den Tropen sind enorm und erreichen ein Vielfaches der in unseren Breiten fallenden Regenmenge – etwa 750 mm pro Jahr. Auf der Hawai-Insel Kauai, angeblich das regenreichste Gebiet der Welt,

Amphitecna mit seltener Blütenbildung direkt aus dem Stamm

Spinnenähnliche Blüte der Tacca

wurden Rekordmengen von mehr als 12 000 Millimetern gemessen.

Das Temperatur-Jahresmittel bewegt sich in den übrigen Tropen zwischen + 25° C und + 27° C. Regen fällt gleichmäßig das ganze Jahr über. Ausgeglichener könnten die Temperaturen gar nicht sein. Die geringste Menge Wasser, die ein Regenwald zur Existenz benötigt, liegt je nach Waldtyp zwischen 1800 und 2000 Millimetern pro Quadratmeter.

Der Regenwald reguliert durch seine große Masse an Pflanzen das Weltklima. Doch der Mensch stört vielfach den Kreislauf der Natur durch Abholzen und Vernichten dieser einmaligen Vegetation und verändert damit sogar das weltweite Klima.

In der viele Millionen Jahre dauernden Entwicklung der Regenwälder sind ihre Böden zu extrem nährstoffarmen Endzuständen gealtert. Die hohen Niederschläge haben den Boden erodiert, alle Bodennährstoffe ausgewaschen und über die großen Flüsse ins Meer abtransportiert. Diese Verhältnisse zwingen die Pflanzen des Regenwaldes dazu, mit Nährstoffen sparsam umzugehen und sich ihren Anteil zu sichern. Was dann an organischem Material frei wird, muß sofort durch Mikroorganismen der wuchernden Vegetation erneut zur Verfügung gestellt werden.

Ein Tropendschungel gleicht einem riesigen Kraftwerk, das durch gleichmäßig hohe Temperaturen, enorme Niederschläge und die hohe Sonneneinstrahlung als Energiequelle niemals stillsteht. Diese Bedingungen lassen keine Pause im Wachstum zu. Die hohe Luftfeuchtigkeit allein sorgt dafür, daß die Sonneneinstrahlung nicht zu sehr auf die Geschöpfe der Natur niederbrennt. Durch ein Heer von Bodenbakterien, die ebenfalls optimale Lebensbedingungen vorfinden, werden alle organischen Abfallprodukte aufbereitet, um dem Kraftwerk Blätterdach wieder zugeführt zu werden.

Nur während der zwölfstündigen Dunkelheit läuft das Werk auf Sparflamme. Jetzt findet der konträre Arbeitsablauf statt. Auch Pflanzen brauchen ein bißchen von dem Sauerstoff, den sie während des Tages produziert haben.

Der Regenwald ist durch die Tätigkeit der Bodenbakterien und die Versorgung mit organischem Material von oben zum größten Teil unabhängig von Nährstoffen aus dem Boden.

Die massiven Niederschläge und die über Jahrmillionen nagende Erosion haben die Organismen, die im Regenwald leben wollten, zu erheblichen Anpassungen gezwungen. Der Schutz zeigt sich bei der Flora der Tropen beispielsweise durch eine besondere Form des Blattaustriebes, die sogenannte Laubschüttung. Manche Bäume wie etwa der Kakaobaum bringen nicht Blatt um Blatt, sondern gleich ein ganzes Blattbüschel hervor. Im Austrieb sind seine Blätter rötlichbraun gefärbt. Dies soll vor der starken Sonneneinstrahlung schützen. Die schönsten Orchideen, Bromelien und viele andere Gewächse haben harte, ledrige Blätter entwickelt und können so die starke Sonnenbestrahlung unbeschadet hoch oben auf einem Urwaldriesen überstehen.

Die Pflanzen selbst, vor allem die Bäume, haben sich zum Nährstoffspeicher entwickelt. Große Teile der sogenannten Biomasse sind in ihnen festgehalten. Viele der Nährstoffe sind in einem geschlossenen Nährstoffkreislauf, der fast verlustfrei funktioniert. Herabfallende Blätter, Früchte, tote Tiere und andere abgestorbene organische Substanz werden innerhalb von wenigen Tagen umgesetzt und wieder in den Kreislauf zurückgebracht. Die Hauptarbeit verrichten dabei viele meist mikroskopisch kleine Pilze, die neben Bakterien und Insekten – besonders Ameisen und Termiten – das organische Material zersetzen und so den Pflanzenwurzeln wieder zur Verfügung stellen. Ihre feinen Verästelungen wachsen daher in den Tropen nach oben!

Das Leben auf und im Boden des Regenwaldes ist äußerst vielschichtig. Verborgen in dem noch lange nicht ganz erforschten Dickicht des Regenwaldes leben auch seltene Arten, die an keinem anderen Ort der Welt vor-

Tropische Zwillinge an der Kohleria

kommen. Als Besonderheit gelten die Blattschneiderameisen. Nicht im Palmenhaus, dafür aber im Tiergarten Schönbrunn oder im Naturhistorischen Museum von Wien können sie sogar bei ihrer Tätigkeit beobachtet werden. Sie wählen einen Baum oder Strauch in der unmittelbaren Umgebung ihres Nestes aus und zerlegen ihn Blatt für Blatt. Wie grüne Segel tragen sie die herausgeschnittenen Stücke vor sich her und bringen sie in ihren Bau. Dort legen sie Pilzkulturen an, wobei dieser besondere Pilz, *Rhizotes gongylophora*, Fruchtkörper („Schwammerln") mit dem wissenschaftlichen Namen „Ambrosiakörper" hervorbringt, die den Insekten als Nahrung dienen. Vermehrt sich so ein Ameisenstaat, werden Teile dieser Pilzkultur mitgenommen. Denn ohne sie gibt es keinen Fortbestand. Umgekehrt erhält der Pilz Pflege und Verbreitung.

Undurchdringliches Tropendickicht
mit blühender Fischschwanzpalme

Die meisten Regenwaldbäume können nur deshalb überleben, weil ihr Wurzelsystem eine Symbiose mit Pilzen eingegangen ist. Diese stellen Nährstoffe schnell zur Verfügung, bevor der nächste Tropenregen alles davonschwemmt, und erhalten im Ausgleich Kohlenhydrate für ihre eigene Ernährung.

Der Regenwald bekommt zusätzlich Nährstoffe aus einer Region, die so weit entfernt ist, daß ein Zusammenhang sonderbar erscheint. Und doch, die Wüste macht das Leben im Regenwald erst möglich! Denn der Nordost-Passat treibt jährlich 500 Millionen Tonnen Sahara-Staub in westlicher Richtung über den Atlantik auf die amerikanischen Regenwälder. Aus den feinen Staubwinden schlagen sich pro Hektar Regenwald 12,6 Kilogramm Kalium, 2,7 Kilogramm Phosphat und bis zu 16 Kilogramm Calcium nieder. Auch das Magnesium, das für den Aufbau der Chlorophyll-Moleküle und damit für die Photosynthese unerläßlich ist, stammt von daher. Solche Mineralien sind Mangelstoffe im Regenwald und werden von den vielen Epiphyten und Epiphyllen (Aufsitzerpflanzen auf Blättern) aufgefangen. Sie bilden die Lebensgrundlage für die gesamte Flora und Fauna im Regenwald. Mit 2,5 Millionen Arten von Tieren, Pflanzen, Pilzen und Bakterien ist nur ein kleiner Teil der Organismen der Erde wissenschaftlich bestimmt. Alle Angaben zur globalen Artenzahl beruhen daher auf Schätzungen und Hochrechnungen. Noch 1980 wurden zwei bis drei Millionen Arten angenommen. Heute gehen vorsichtig schätzende Biologen von zehn bis 30 Millionen aus, andere, wie der amerikanische Soziobiologe Edward O. Wilson, rechnen mit über 100 Millionen.

Obwohl ein Leben im Regenwald für den zivilisierten Menschen fast unmöglich ist, bleibt zu hoffen, daß die „grüne Hölle“ erhalten bleibt. Denn nur ein ausreichendes Maß davon zeigt seine wahre Bedeutung als „grünes Paradies“ und kann die Existenz aller Individuen unserer Erde gewährleisten.

Der gärtnerische Alltag im Schönbrunner Palmenhaus

Aufgaben und Arbeiten der Gärtner

Ein Erlebnis ganz besonderer Art ist es, wenn die blutrote Frühlingssonne am Morgen die tropische Abteilung in ein zauberhaftes Paradies verwandelt. Doch keine Besucher, nur die Gärtner selbst, können den anbrechenden Morgen im Pflanzenhaus beginnen. Beobachtet werden sie dabei von den Vögeln, die ihre Arbeit hoch oben im Kuppelbereich mit fröhlichem Gesang begleiten. Die ersten Sonnenstrahlen dringen dann durch die vielen Glasscheiben und lassen Pflanzen und Blüten erwachen – eine ganz besondere Stimmung, die nur den Gärtnern allein vorbehalten ist.

Früh am Morgen beginnt im Palmenhaus – einer grünen Oase gleich – der Alltag. Fünf Gärtner und zwei Gartenarbeiter sowie zwei Lehrlinge bemühen sich, die drei Abteilungen des Palmenhauses und des Sonnenuhrhauses Tag für Tag sorgsam zu betreuen. In den Wintermonaten müssen oft Scheinwerfer eingeschaltet werden, da es noch dunkel im Haus ist. Licht und Schatten führen zu romantischen Stimmungen, ab und zu fallen Tropfen des Kondenswassers auf die Blätter der Pflanzen. Zweifellos ist das Palmenhaus einer der schönsten Arbeitsplätze, die man sich vorstellen kann.

Täglich anfallende Arbeiten wie Gießen und Säubern sowie eventuelles Auspflanzen und Umgruppieren müssen vor Einlaß der Besucher erledigt sein. Dabei werden Pflanzengruppen durchgeputzt, welke Blüten und Blätter entfernt, um das schöne Gesamtbild zu erhalten. Im Verlauf des Jahres werden zu groß gewordene Palmenhausbewohner zurückgeschnitten oder aufgebunden, zu üppige Triebe eingekürzt oder ganz entfernt. Wöchentlich werden die Blütenpflanzen in den Schaugruppen, besonders in der Eingangsgruppe, ausgewechselt und umgestaltet.

Gießen zählt zu den wichtigsten Kulturarbeiten schlechthin. Besonders im Sommer besteht die Hauptarbeit aus Gießen. Vor allem an heißen Tagen wird bereits um 7 Uhr damit begonnen. Das Bewässern der Pflanzen im Palmenhaus wird nach wie vor durch den Gärtner händisch durchgeführt. Nur Monokulturen können durch automatische Bewässerungsanlagen befeuchtet werden. Das funktioniert jedoch nicht bei einer Auspflanzung von etwa 4000 Pflanzen verschiedenster Gattungen und Arten. Das richtige Gießen zeichnet den guten Gärtner mit Fingerspitzengefühl aus. Was die Intervalle betrifft, kann keine Regel aufgestellt werden, meist ist es besser, einmal durchdringlich zu gießen als zögerlich in Etappen. Wenn sich die Erde feucht anfühlt, sollte zugewartet werden. Außerdem empfiehlt es sich, möglichst abgestandenes Wasser zu verwenden. In der kühleren Jahreszeit wird nur noch sporadisch gegossen. Dann sind sogar die Pflanzen der tropischen Abteilung nicht mehr so durstig, die Tage sind ja auch um vieles kürzer geworden.

Symphonie in Rosa – gefüllte Kamelienblüten

Nach dem Gießen geht es ans Saubermachen. Bis die ersten Besucher kommen, strahlen Pflanzen und Haus in neuer Frische. Alle Arbeiten, die nach der täglichen Öffnungszeit des Hauses anfallen, werden so bewerkstelligt, daß Besucher möglichst ungestört bleiben. Auch am Wochenende müssen die Pflanzen im Palmenhaus von einem Gärtner betreut werden. Diese Arbeit ist sehr wetterabhängig, ähnlich wie in einem Garten im Freien. Der Gärtner hat am Nachmittag dafür zu sorgen, daß die Lüftungen rechtzeitig wieder geschlossen bzw. abgesenkt werden, im besonderen bei Sturmgefahr. Ebenso muß die Schattierung aufgehoben werden. Nachts haben die Pflanzen ihre Ruhezeit. Daher wird auch die Temperatur um einige Grade abgesenkt. Eine Servicefirma betreut das Palmenhaus nachts, damit im Notfall, vor allem bei einem Heizgebrechen, die kostbaren Schätze nicht erfrieren müssen wie an jenem unglückseligen Novembertag im Jahr 1780 ...

Faszinierende Stimmungen bei künstlichem Licht

Formvollendete Engelstrompete – ein Nachtschattengewächs

Der Rückschnitt der Pflanzen gehört ebenfalls zum Alltag des Gärtners. Besonders in der tropischen Abteilung ist es notwendig, immer wieder einzelne Zweige einzukürzen oder ganz zu entfernen. Stark wachsende Kletterpflanzen müssen in ihrem Wachstum gebremst werden, damit sie neue kräftige Triebe und auch Blüten bilden können. Viele Gewächse brauchen vor allem im Jugendstadium einen mehrmaligen Rückschnitt, um eine schöne Form zu erreichen. Je kräftiger dieser ausfällt, um so stärker erfolgt auch der Neuaustrieb. Dies gilt nicht nur für Tropenpflanzen. Die meisten Pflanzen treiben nach einem Rückschnitt mehrfach aus und werden buschiger und schöner. Natürlich gibt es auch Ausnahmen. Palmen dürfen nicht zurückgeschnitten werden, denn sie können nicht neuerlich austreiben. Weltmeister unter den rasch wachsenden Pflanzen der Tropenabteilung ist der Bambus. Würde man ihn nicht mehrmals im Jahr ausschneiden und einkürzen, wäre er in kürzester Zeit mit seinen üppigen Trieben allein beherrschend.

Auf den Galerien des Palmenhauses befindet sich die „Kinderstube". In luftiger Höhe sind die Wachstumsbedingungen und die Lichtverhältnisse für Jungpflanzen besonders gut. Die kleineren werden mehrmals im Laufe eines Jahres umgetopft und zurückgeschnitten. Die dabei anfallenden Stecklinge lassen sich wieder zur Heranzucht verwenden. Das Frühjahr ist

Afrikanisches Rührmichnichtan

die beste Zeit, um Pflanzen durch Grünstecklinge zu vermehren. Krautige „Stupfer" – wie sie auch genannt werden – können bis in den Herbst geschnitten werden. Zieht man Pflanzen aus Samen, so ist darauf zu achten, ob es Licht- oder Dunkelkeimer sind. Nur letztere gehören mit Erde bedeckt. Da die Keimlinge erfahrungsgemäß eher dicht aufgehen, pikiert man sie, d. h. man verpflanzt sie einzeln, um ihnen mehr Entwicklungsraum zu ermöglichen.

Nachwuchs wird aber auch anders vegetativ produziert. Eine beliebte Vermehrungsart von Begonien und Usambaraveilchen ist das Einschneiden der Blattrippen. Dadurch entstehen an den Schnittstellen zahlreiche Jungpflänzchen, die man nur abzulösen und einzusetzen braucht.

Bei den Orchideen werden Gewebsteile aus der Sproß- oder Wurzelspitze entnommen und in eigenen Nährlösungen zum Entwickeln einer beliebig großen Zahl völlig erbgleicher Nachkommen gebracht. Man spricht hier von sogenannten Meristem-Kulturen.

Beliebt ist auch das „Abmoosen": Gummibäume werden an den Stellen der abgefallenen Blätter, den Blattnarben, seitlich eingeschnitten. Danach wird die Wunde mit einem Moosbausch bedeckt. Ein Plastiksackerl darüber wirkt als Miniglashaus wahre Wunder. Schon bald treibt die Pflanze dort aus oder wird buschiger. Die neu entstandenen Triebe werden abgeschnitten und können als selbständige Pflanzen weiterwachsen. Diese Methode funktioniert auch bei Yucca, Drachenbaum und sogar bei Baumfarnen.

Bei vielen Kugelkakteen werden die fäulnisresistenteren Säulenkakteen als Unterlage benützt. Dieses Verpfropfen geschieht ganz einfach, indem in die Unterlage ein keilförmiger Spalt geschnitten wird, in den dann der empfindlichere Kaktus eingepaßt wird. Damit beide gut zusammenwachsen, durchbohrt man sie mit einem Kakteendorn oder auch mit einem ganz gewöhnlichen Zahnstocher. Nach erfolgter Einheilung zwickt man die Hilfsmittel links und rechts ab – und fertig ist der neue Kaktus.

Azaleen wiederum schneidet man schräg ab, bestreicht beide Flächen mit Wuchsstoffpaste und verbindet sie bis zum Zusammenwachsen mit einer kleinen Plastikklammer.

Wer hat sich noch nicht darüber gewundert, daß mitten im Winter im Palmenhaus der Flieder blüht, die Forsythie ihre ganze Pracht entfaltet oder Tulpen und Hyazinthen weit ihrer Zeit voraus sind? Hier hilft ein ganz einfacher Trick: 9 bis 12 Stunden in + 30° bis + 35° C warmes Wasser untergetaucht, regt viele Laubgehölze zum Austreiben an. Schlafende Knospen einfach mit Wasser injizieren oder Zweige in raucherfüllte Räume (auch Tabakrauch) bringen, nützt ebenfalls, um den Frühling vorzuverlegen. Kaum zu glauben: sogar das Begasen mit Blausäure führt zum Erfolg.

In den letzten Jahren ist die pflegeleichte Hydrokultur-Methode in Mode gekommen. Man kann grundsätzlich alle Blütenpflanzen, sogar Wüstengewächse, in Wasser ziehen, dem man die notwendigen Nährsalze beifügt. Ob aber überdimensionale Blätter, „vollgefressen" mit Düngestoffen, erstrebenswert sind, ist eine andere Frage. Sollen Rosen vermehrt werden, muß an der Unterlage ein T-förmiger Schnitt gemacht werden, in den die Knospe eines Edelreises eingeschoben wird, und beide müssen bis zur Einheilung mit Bast verbunden werden. Stecklinge gezüchteter Rosen können auch unter umgestülpten Einsiedegläsern zum Bewurzeln gebracht werden.

Die Begehung der Außengalerie ist nur den Gärtnern erlaubt.

Auch der fachgemäße Baum- und Strauchschnitt gehört zu den Aufgaben eines Schönbrunner Gärtners. Dabei soll der Baum eine bestimmte Form bekommen und ein harmonisches Verhältnis zwischen Krone und Wurzel aufweisen. Gleichzeitig wird die Blüten- und Fruchtbildung gefördert. Schließlich soll der Baum verjüngt werden, um ihm noch mehrere, im wahrsten Sinn des Wortes fruchtbringende Jahre zu ermöglichen.

Einmal in der Woche ist großer Tauschtag im Palmenhaus. Einjährige Pflanzen werden kompostiert, die abgeblühten Topf- oder Kübelpflanzen kommen wieder zurück in die Abteilung, aus der sie stammen. In Schönbrunn sind es der Reserve- und der Feldgarten, die Woche für Woche ihre schönsten Blüten- und Blattpflanzen zur Bereicherung des Palmenhauses liefern. Schließlich erwarten die anspruchsvollen Besucher neben den imposanten Großpflanzen vor allem auch viele blühende kleinere Gewächse.

Einmal im Jahr, nämlich Anfang Mai, wenn die Witterung es zuläßt, wird es Zeit, die in Kübeln gezogenen Pflanzen aus ihrem engen Winterquartier ins Freie zu bringen. Sie werden auf den Rangierwiesen gegenüber dem Sonnenuhrhaus aufgestellt. Noch drohen aber die „Eismänner". Es ist dies erfahrungsgemäß eine Zeit, in der noch leichte Fröste auftreten können. Man beginnt daher am besten mit Pflanzen, die auch leichte Minusgrade nicht übel nehmen, wie Oleander, Wollmispel sowie Hanf- und Zwergpalmen. Wer jedoch nur einzelne oder kleinere Pflanzen ins Freie stellen will, kann dies bereits ab Mitte April tun. Bei Frostgefahr müssen die Pflanzen aber wieder eingestellt oder mit Strohmatten bzw. Decken geschützt werden. Alle Pflanzen sollten vorher abgehärtet werden. Keinesfalls darf man sie sofort an die Sonne stellen, da sonst häßliche „Brandflekken" auftreten können. Am besten räumt man bei trübem Wetter seine Lieblinge aus.

Viel Arbeit verlangt die Kultur und Pflege der Fuchsien, die aus den feuchtkühlen Regionen Süd- und Mittelamerikas stammen. Etwa tausend Fuchsien in 500 Sorten werden von den Gärtnern des Palmenhauses betreut. Damit sie keine Blühpause machen, müssen fortlaufend abgewelkte Blüten und Samen entfernt werden, da sie die Pflanzen schwächen. Eine wöchentliche Düngung der Fuchsien ist notwendig, um ihre Blühfreudigkeit zu erhalten. Während der Sommermonate werden die Südamerikaner zur Freude vieler Parkbesucher vor dem Palmenhaus zur Schau gestellt.

Je länger Pflanzen im Freien stehen können, desto gesünder kommen sie über die lichtarme Jahreszeit hinweg. Doch sind die Überwinterungsquartiere oft zu warm. Viele Kübelpflanzen vertragen leichten bis mäßigen Frost, ohne Schaden zu nehmen.

Die Hanfpalme und der Feigenbaum, aber auch die Kreppmyrte sind bis zu –15° C frosthart. Die Wollmispel und der Ölbaum vertragen ebenfalls einiges an Kälte, nämlich bis zu –10° C. Ähnlich widerstandsfähig sind einige Eucalyptusarten. Generell ist aber zu beachten, daß nur gesunde, abgehärtete Pflanzen tieferen Temperaturen ausgesetzt werden können.

Anfang Oktober ist es dann wieder so weit, die Sommerfrische geht zu Ende. Kleinere Pflanzen sollten wie im Frühjahr mit Strohmatten oder alten Tüchern abgedeckt werden, damit sind sie vor den ersten, meist leichten Frösten geschützt. So ist es oft möglich, diese Pflanzen bis in den Dezember hinein im Freien zu belassen. Vor den ersten Frösten werden die Schönbrunner Pflanzen wieder in ihr Winterquartier, das Sonnenuhrhaus, gebracht. Das Blattwerk soll möglichst trocken sein, wenn sie für den Winter eingestellt werden. Nur so und durch häufiges Belüften werden Krankheiten bei den Pflanzen vermieden.

Es ist noch nicht allzulange her, da wurden die Blattpflanzen in allen Abteilungen noch händisch mittels Schwamm und kleiner Palmenbürste von Staub- und Kalkflecken gereinigt. Heute besorgt dies eine Hochdruckspritze. Dem Spritzwasser wird außerdem ein Blattglanzmittel beigegeben. In der großen Kuppel des Palmenhauses ist heute noch eine Drehleiter zu sehen, mit der sogar große Palmen händisch gereinigt wurden.

Geändert hat sich inzwischen auch das Material der Blumenkisten. Holzkistchen zum Einstellen von Pflanzen haben den leichteren Plastikkistchen Platz gemacht. Die schwereren Tontöpfe werden ebenfalls immer häufiger durch Plastikbehälter ersetzt.

Die Etikettierung der vielen aus allen Erdteilen stammenden Pflanzenschätze erfordert Aufwand und großes botanisches Fachwissen. Die Gärtner halten sich dabei – wie überall – an die international verbindliche Systematisierung der

Heute nur noch Zierde:
Die Drehleiter in der großen Kuppel

Smaragdgrüne Deherainieblüten

Pflanzen durch den schwedischen Botaniker Carl von Linné. Solche und ähnliche Arbeiten werden vor allem in den Wintermonaten durchgeführt. Samentauschlisten werden durchgesehen, ergänzt und versandt, um die Pflanzensortimente mit neuen interessanten Gewächsen bereichern zu können.

Ein Problem bei der Kultivierung von Pflanzen sind die „Schädlinge". In Gewächshäusern wie dem Schönbrunner Palmenhaus fehlen in der Regel die natürlichen Feinde (wenn man von den „verirrten" Amseln und Meisen absieht). „Chemie" zu spritzen ist inzwischen aufgrund der bekannten Folgewirkungen verpönt. Das Umstellen auf biologische Schädlingsbekämpfung hat sich in Schönbrunn inzwischen schon seit den 80er Jahren sehr bewährt. Nun versucht man es lieber mit dem Aussetzen natürlicher Feinde wie Raubmilben oder Schlupfwespen. Die Milben fressen ihre Beute, bis – ja bis keine mehr da ist und sie selbst verhungern ... Hingegen legen die Schlupfwespen ihre Eier in lebende Tiere, die dann bei lebendigem Leib von den geschlüpften Wespenlarven von innen nach außen aufgefressen werden! Eigene Firmen züchten und verschicken diese Nützlinge, die man dann nur auszusetzen braucht. Mit ihrer Hilfe wird den bekannten Schild- und Wolläusen, „Weißen Fliegen", Blasenfüßen und Spinnmilben bald der Garaus gemacht.

Häufig geschieht es, daß Pflanzenliebhaber und Gartenbesitzer bei einem Besuch des Palmenhauses mit einer Menge Fragen zu den Gärtnern kommen: Oft will man den günstigsten Zeitpunkt des Umpflanzens wissen. Die Antwort lautet: Pflanzen, die mit ihren Wurzeln bereits aus dem Topf drängen, gehören umgetopft. Die beste Zeit zum Umtopfen und den Pflanzen somit neue Nahrung zukommen zu lassen, ist das Frühjahr. Das neue Pflanzgefäß soll nicht viel größer sein, wenige Zentimeter mehr im Durchmesser reichen meistens. In großen Gefäßen nimmt die Pflanze nur einen Teil der Feuchtigkeit auf, sie bleibt zu lange feucht. Besonders Plastiktöpfe oder Plastikkübel verstärken diesen Vorgang, da sie seitlich keinen Luftaustausch ermöglichen.

Beim Umsetzen muß man die Wurzeln schonen, besonders fleischige Wurzeln, wie zum Beispiel die der bekannten Grünlilie, sind sehr empfindlich. Der Wurzelballen von Azaleen kann kräftig beschnitten werden, so daß sie mitunter in denselben Topf wieder eingepflanzt werden können. Anschließend soll man gut eingießen, danach aber etwas sparsamer befeuchten. Etwas höhere Temperaturen helfen den Gewächsen, rascher wieder neue Wurzeln zu bilden. Dünger sollte die Pflanze erst nach 3 bis 4 Wochen bekommen.

Noch ein Wort zu den Töpfen: Tontöpfe oder Plastikgefäße? Beide Gefäße haben einiges für, manches aber gegen sich. Der Tontopf, besonders für größere Pflanzen geeignet, ist luftdurchläßig und standfester als sein Gegenstück. Er ist aber schwerer und zerbricht leicht. Im Plastikgefäß hält sich die Feuchtigkeit länger. Diese Gefäße sind meist preisgünstiger, leichter und länger haltbar.

In der freien Natur breiten die Pflanzen uneingeschränkt ihr Wurzelsystem nach allen Seiten aus. Dadurch können sie sich ausreichend ernähren. Anders ist es bei den Topf- und Kübelpflanzen. Ihre Wurzeln haben nach mehr oder weniger kurzer Zeit das vorhandene Nahrungsangebot verbraucht. Besonders in der warmen Jahreszeit müssen Kübelpflanzen meist täglich gegossen werden. Dabei kommt es zum Auswaschen von Nährstof-

Weltweit in allen Tropenzonen zu bewundern: Die Ixora

fen, daher ist Düngen zu dieser Zeit besonders wichtig. Gut ernährte Pflanzen sind nicht nur schöner, sondern meist auch gesünder, doch auch ein Überangebot an Nährstoffen schadet ihnen.

Während der kühlen, lichtarmen Jahreszeit legen die Pflanzen eine Ruhepause ein, daher wird zu dieser Zeit nicht gedüngt. Im Frühjahr benötigen sie für ihr Wachstum eine stickstoffbetonte Düngung. Zur Blütenbildung und zur Ausreifung der Triebe wird ein Kali-Phosphor-Dünger verwendet. Mineralische Volldünger enthalten alle wichtigen Pflanzennährstoffe, sie werden dem Gießwasser beigegeben und so in gelöster Form von den Pflanzen leicht aufgenommen. Die Konzentration der Düngung darf nicht zu hoch sein, um Wurzelschäden zu vermeiden. Es ist besser, lieber öfter, dafür aber weniger stark zu düngen. Eine Düngerlösung von ein bis zwei Gramm pro Liter ist für viele Pflanzen gut verträglich. Orchideen werden schwächer gedüngt, die Engelstrompete und andere „gefräßige“ Gewächse brauchen mehr. Über fünf Gramm Dünger auf ein Liter Wasser dürfen aber nie verwendet werden.

Für große Kübelpflanzen und für Pflanzen, die im Palmenhaus ausgesetzt sind, werden Langzeitdünger verwendet. Diese geben ihre Nährstoffe, der Erde beigemischt, nur sehr langsam, jedoch regelmäßig – durch 3 bis 6 Monate hindurch – ab. Man sollte sie aber nicht zu spät beimengen, und ab August sollte die Düngung im allgemeinen mit einem Reifedünger aus Kali-Phosphor abgeschlossen werden.

Eine andere häufig gestellte Frage an die Schönbrunner Fachleute befaßt sich mit dem Zeitpunkt und der richtigen Länge eines Pflanzenrückschnitts. Dabei sollte folgendes beachtet werden: je kräftiger der Rückschnitt, umso stärker treibt die Pflanze im Frühjahr wieder aus. Dünne und zu eng stehende Triebe sollten zur Gänze weggeschnitten werden.

Das größte Problem ist die Überwinterung einer im Sommer herrlich blühenden Topf- oder Kübelpflanze. Schon beim Kauf dieser Pflanzen sollte überlegt werden, wie sie über den Winter gebracht werden können. Es ist aber eine Platzfrage, wann und wieviel geschnitten wird. Wer genügend Raum zur Verfügung hat, der wird seine Pflanzen erst nach dem Winter schneiden. Krautige Pflanzen wie Engelstrompete oder Hammerstrauch werden etwa um ein Drittel zurückgeschnitten. Hartlaubgewächse werden im Frühling nur leicht in Form gebracht.

Jedenfalls sind die Gärtner des Palmenhauses immer bereit, Auskunft über Pflanzen und deren Pflege zu geben, denn eine Beratung der Besucher zählt zu ihren wichtigsten Aufgaben.

Das Palmenhaus im Wandel der Jahreszeiten

Der Wechsel der Jahreszeiten, ja sogar der Tageszeiten, spielt im Palmenhaus mit seinen vielen Pflanzen aus verschiedenen Klimazonen der Erde eine ganz besondere Rolle. Jede Tages- oder Jahreszeit übt ihren eigenen Reiz aus, und so werden die Stimmungen des Tages wie auch des Jahresablaufes in diesem Haus eindrucksvoll empfunden.

Im Frühjahr fällt die meiste Arbeit sowohl im Freiland, wie auch innerhalb des Palmenhauses an. Wenn die Sonne wieder kräftiger scheint und sich überall üppiges Wachstum zeigt, dann werden die Gärtner „narrisch". Denn nun haben sie alle Hände voll zu tun, um Pflanzen und Besucher, die – wie es scheint – alle auf einmal kommen, zu betreuen. Das Frühjahr beginnt im Palmenhaus tatsächlich schon früh im Jahr, nämlich Mitte Jänner. Nach der winterlichen Ruhezeit treiben dann die ersten Pflanzen wieder aus. Dies ist die beste Zeit, um Pflanzengruppen zu erneuern und die Auswirkungen der Wintermonate – meist verursacht durch Lichtmangel – zu beseitigen. Durch Umgestaltung und Neugruppierung entstehen jedes Jahr sehenswerte Eindrücke. Viele Pflanzen, besonders bodendeckende Gewächse, sind oft weit vom Licht entfernt, so daß sie unansehnlich geworden sind und ausgetauscht werden müssen.

Mit dem Austreiben der Pflanzen beginnt wieder die Düngung, die im Spätsommer eingestellt worden war. Denn die Schützlinge brauchen genügend Nährstoffe zum Wachsen.

Nützlinge zur Bekämpfung von „Ungezıefer" werden ebenfalls ausgesetzt, da auf dem zarten Grün bald schon die ersten begehrlichen Blattläuse auftauchen. Bei zunehmender Wärme wird die Nebelsprühanlage eingesetzt. Die erhöhte Luftfeuchtigkeit bewirkt außerdem eine verminderte Schädlingsanfälligkeit der Pflanzen.

Bis Ende Jänner schmücken die prächtigen Weihnachtssterne den Eingangsbereich des Palmenhauses. Die Heimat dieser beliebten Wolfsmilchgewächse ist Mexiko, wo die Wildsträucher – ebenso wie in den anderen Verbreitungsgebieten – eine beachtliche Höhe erreichen. Zugleich mit den Weihnachtssternen kommen die ersten Frühlingsboten in das Palmenhaus und lassen kurzfristig den Winter vergessen. Der erste Flieder blüht nicht erst im Mai, sondern bereits zur Weihnachtszeit. Mit ihm sind es bunte Primeln, Hyazinthen, Tulpen und Krokusse, die ein farbenfrohes Bild ergeben.

Meist schon im Februar kommen vom Reservegarten im Belvedere die als Hochstämmchen gezogenen Exemplare von *Cantua buxifolia*. Es sind dies prächtige Topfpflanzen mit langen, trompetenförmigen, innen rosen-

roten, außen karminroten Blüten. Die in den Anden Südamerikas beheimatete Pflanze ist die Nationalblume Perus und wurde von den Ureinwohnern als heiliges Gewächs verehrt. Sie gehört zu den schönsten Blütenpflanzen, die im Palmenhaus zu bewundern sind.

In den Australien-Gruppen verbreiten die Korallenrauten oder Boronien schon zeitig im Frühjahr ihren zarten Duft. Sie besitzen nadelartige, schmale Blätter und feine Blüten in Rosa, Weiß und Rot. Die Blüten von *Boronia megastigma* sind braun-gelb, duften besonders stark und schauen – fast möchte man meinen etwas verschämt – zu Boden.

Ebenfalls noch in den Wintermonaten blühen die nur unter ihrem wissenschaftlichen Namen bekannten bzw. wie so oft nach Wissenschaftern benannten Gattungen *Pycnostachys*, *Brunfelsia* und *Jacobinia*. *Pycnostachys* ist ein Lippenblütler aus Afrika mit weithin leuchtenden dunkelblauen Blüten. Brunfelsien und Jacobinien sind Amerikaner, erstere mit breiten hell- bis dunkelblauen, auffälligen Blüten. Letztere kontrastiert zum schönen Blau mit gelb-orange gefärbten Blüten.

Im April und Mai erfreuen im Palmenhaus dann die Hortensien, die mit den letzten Azaleen um Aufmerksamkeit wetteifern. Die Hortensie – auch Wasserstrauch genannt – gehört wie etwa die Stachelbeere und Johannisbeere zu den Steinbrechgewächsen. Diese Pflanzen brauchen während ihres Wachstums, besonders aber im Sommer und zu ihrer Blütezeit, viel Wasser. Sie benötigen genauso wie die Azaleen sauren Boden, denn bei zu kalkhaltigem Gießwasser werden die Blätter gelb.

Während der Sommermonate überwiegen im Palmenhaus Kübelpflanzen und Sommerblumen als Blütenschmuck. Zu den schönsten und blühfreudigsten zählt hier das sogenannte Wandelröschen. Seinen Namen verdankt es der Wandlungsfähigkeit seiner Blüten. Während des Aufblühens sind sie meist gelb oder rosa, später verfärben sie sich aber orange, lila und violett. Man findet alle Farben gleichzeitig an derselben Pflanze. Aber es gibt auch Sorten, die ihre Blütenfarbe überhaupt nicht ändern. Je mehr Sonne, Wasser und regelmäßigen Dünger sie erhalten, desto blütenreicher wachen sie. In ihrer Heimat im tropischen Südamerika bilden diese Pflanzen ein oft undurchdringliches, dorniges Buschwerk. Auf Hawaii eingeschleppt, wurden sie sogar regelrecht zur Landplage. Bei uns ist das Wandelröschen eine herrliche Kübelpflanze, ähnlich attraktiv wie die sogenannte Liebesblume oder Schmucklilie. Mit den an langen Stielen sitzenden, meist blauen, aber auch weißen Blüten paßt sie sehr gut zu ihren Nachbarn. Die Liebesblume, ein Liliengewächs, das aus Südafrika stammt, soll möglichst lange in seinem Pflanzgefäß bei guter Ernährung bleiben, dann blüht es am reichlichsten. Über den Winter muß es wie die meisten Kübelpflanzen kühl gehalten werden.

Die Amerika-Gruppe
in der großen Abteilung

Die Agapetes zeigt, daß Stammblütigkeit nicht nur in den Tropen, sondern auch im Mittelmeerraum vorkommt.

Orchideen wie das *Rossioglossum grande* blühen vorwiegend im Frühsommer. Seine schön gezeichneten, gefleckten Blüten können meist im Entree des Gewächshauses bewundert werden.

Auch die Pelargonien, die in vielen Farben blühen, tragen zum bunten Sommerbild im und außerhalb des Palmenhauses bei. Wie die Liebesblume stammen sie aus Südafrika. Sie werden fälschlicherweise oft als Geranien bezeichnet und gehören zu den sogenannten Storchschnabelgewächsen. Der Stempel der Blüte ähnelt besonders nach dem Verblühen dem Schnabel dieses Vogels. Sehr beliebt sind die „Duftpelargonien", deren Blätter bei Sonneneinstrahlung oder bei leichtem Reiben einen angenehmen Geruch verbreiten. Aus einigen ihrer Arten wird das Geranienöl gewonnen.

Vom Hochsommer bis zum Spätherbst blüht im Palmenhaus unter anderem das Löwenohr mit auffälligen orangefarbenen bis braun-roten Blüten. Beheimatet ist dieser Lippenblütler wie so viele der bekanntesten Sommerblumen ebenfalls im überaus artenreichen Südafrika.

In der warmen Jahreszeit werden vor dem Palmenhaus große blühende Kübelpflanzen ausgestellt, um Park- und Tiergartenbesucher aufmerksam zu machen, um nicht zu sagen anzulocken.

Im Spätsommer kann man bereits die ersten Chrysanthemen bewundern, die hierzulande immer noch im Ruf von Allerheiligenblumen stehen. Im Handel sind sie bereits ganzjährig erhältlich. In China und Japan genießen diese Pflanzen große Verehrung, weil sie als Sinnbild des aufrichtigen

Barockes Gartenparterre vor dem Palmenhaus

Charakters gelten. Von einigen Arten wird aus den getrockneten Blüten ein Insektizid gewonnen, das im Handel als „Persisches" oder „Dalmatinisches Insektenpulver" geführt wird.

Ab Oktober blühen im Palmenhaus die frühen Azaleen, wenn draußen die ersten leichten Fröste der Blütenpracht ein Ende bereiten und die Kübelpflanzen ihre Winterquartiere bezogen haben. Meist kommen sie in Töpfen oder Holzkübeln in die kühle Nordabteilung, wo eine kleine Gruppe ihrem Verbreitungsgebiet entsprechend ganzjährig ausgepflanzt ist. Die Blütezeit erstreckt sich je nach Sorte bis Anfang Mai, dann wird es für sie zu heiß. Die meisten ausgestellten Pflanzen sind Kreuzungen in wundervollen Farben. Die bedeutendste Stammform, die mit anderen Elternteilen zu der Vielzahl an Hybriden beigetragen hat, ist *Rhododendron simsii* (griechisch: rhodos = rot, dendron = Baum). Ein Großteil der etwa 800 Arten wächst im Himalayagebiet, wo sie in Höhenlagen bis zu 5000 Metern anzutreffen sind. Ihre europäischen Verwandten sind Almrausch und Alpenrose. Ersterer wächst auf Kalkgestein, letztere auf saurem Boden.

Alle diese Pflanzen sowie die südafrikanischen Eriken, die europäische Erika und die Besenheide, gehören zur großen Familie der Erikagewächse. Die Bundesgärten ziehen ein großes Sortiment an Rhododendren, einige alte Stöcke sind bereits über hundert Jahre alt. Die prächtigsten von ihnen begeistern Jahr für Jahr die Besucher des Wiener Opernballs, wo sie neben einer Fülle von Schnittblumen als Dekorationspflanzen aufgestellt werden.

Zu den schönsten Pflanzen des Kalthauses gehören auch die wunderbaren Kamelien, die sich durchaus mit den Orchideen der Tropen messen können. Zusammen mit dem Teestrauch zählen sie zu den Teegewächsen, die aus Süd- und Ostasien stammen, wo sie mit ca. 80 Wildformen vertreten sind. Das Spektrum ihrer zauberhaften Blüten reicht von einfach- bis gefülltblütig und von weiß über rosa bis dunkelrot, im Verblühen sogar violett. Heute gibt es tausende Sorten, die ebenfalls durch Kreuzungen entstanden sind. Gefüllte Blüten entstehen im allgemeinen dadurch, daß die Staubgefäße steril, dafür aber größer und bunt werden. Benannt wurden die Kamelien nach einem mährischen Jesuitenpater, der als Missionar auf den Philippinen gelebt hat. Dort wachsen sie in feucht-kühlen Wäldern, wo sie eine Höhe von 15 Metern erreichen können. Im Palmenhaus blühen die Kamelien von November bis in den April.

Ein interessanter immergrüner Strauch mit dem botanischen Namen Agapetes, ebenfalls ein Erikagewächs, kommt aus Asien. Er besitzt lange schmale, ledrige Blätter und hübsche Glockenblüten, die direkt aus dem Stamm und den Zweigen und nicht aus deren Enden entspringen. Man nennt diese Besonderheit Stammblütigkeit oder Kauliflorie und nimmt an, daß größere bestäubende Tiere sich besser anhalten können und daß die

Blüten vor starken Regenfällen mehr geschützt sind. Diese Stammblütigkeit zeigt sich meist nur bei tropischen Pflanzen wie dem Kakao, aber auch bei mediterranen wie dem Judasstrauch.

Es gibt jedenfalls keine Jahreszeit, in der es den Gärtnern von Schönbrunn nicht gelingt, ein Meer von Blüten herbei zu zaubern. Mit der unglaublichen Vielfalt an pflanzlichen Attraktionen geht allerdings auch ein gutes Quantum an Arbeit einher. Die Gärtner des Palmenhauses haben daher rund ums Jahr alle Hände voll zu tun.

Grüne Tips

Die Lehre von der Pflanzenpflege läßt sich zwar nicht auf ein paar wenige Ratschläge reduzieren. Doch sollte es möglich sein, daß dem Pflanzenliebhaber bei Einhaltung folgender Tips das Blühen und Gedeihen seiner Gewächse gelingt:

1 Vor dem Kauf einer Pflanze genau überlegen, wo man sie plazieren will.
2 Täglich etwas Zeit für die Pflanze einplanen, um zu beobachten, was sie braucht.
3 Pflanzen nicht „überfüttern", dann können sie besser blühen und sind weniger anfällig gegen Krankheiten.
4 Darauf achten, daß beim Düngen – nur von April bis Ende September und nicht zu häufig – eine niedrige Konzentration verwendet wird.
5 Beim Umtopfen keine zu großen Töpfe verwenden, denn die Erde könnte zu lange feucht bleiben und die Wurzeln würden absterben.
6 Pflanzen nicht übermäßig gießen, sondern einmal fest angießen, dann erst wieder, wenn sich die Erde trocken anfühlt.
7 Überschüssiges Wasser aus dem Untersatz oder dem Übertopf entleeren, denn auch Wurzeln brauchen Luft zum Atmen.
8 Hohe Luftfeuchtigkeit tut den Pflanzen gut, daher mindestens einmal pro Woche in der Badewanne abbrausen oder öfter mit einer Sprühflasche befeuchten.
9 Pflanzen jedoch niemals abends besprühen, so können Pilzkrankheiten vermieden werden.
10 Pflanzen brauchen viel Licht, jedoch keine direkte Sonnenbestrahlung.
11 Pflanzen benötigen – auch im Winter – viel Frischluft, Vorsicht jedoch bei Zugluft.
12 Pflanzen nie in die direkte Nähe einer Wärmequelle stellen, sie mögen es lieber etwas kühler und blühen dann auch länger.
13 Pflanzen sind Lebewesen, auch sie brauchen Zuwendung!

Ausblick: Sind Palmenhäuser noch zeitgemäß?

In einer Zeit, in der es fast für jeden möglich ist, ein Reise in ferne Länder zu unternehmen, stellt sich natürlich die Frage, ob die Erhaltung eines Tropenhauses im Herzen einer Großstadt heute noch berechtigt ist.

Der Pflanzenphysiologe an der Universität Wien, Harald Bolhàr-Nordenkampf, hat sich in diesem Zusammenhang vor allem mit „der Sinnhaftigkeit des Beibehaltens des musealen Charakters des Schönbrunner Palmenhauses" auseinandergesetzt. Die Revitalisierung des Hauses begründet er folgendermaßen:

„Schaugewächshäuser wie das Palmenhaus sind vom Konzept her Konservatorien, das heißt, daß in ihnen gesammelte Pflanzen weiter kultiviert und gegebenenfalls auch vermehrt werden. Vordergründig mag diese Aufgabe nicht mehr zeitgemäß erscheinen, da die heimischen Gärtner ihre Jungpflanzen in Afrika im Freiland kultivieren lassen oder aus der Retorte der Gewebekultur beziehen. Konservatorien wie das Palmenhaus sind jedoch ein Beitrag zur Arterhaltung, zur Sicherung des genetischen Potentials für die Zukunft."

Der Wissenschafter wünscht sich somit mehr Sammeltätigkeit, deren Resultate unbedingt ausgestellt werden sollten. Das Problem der Kosten steht aus seiner Sicht in keinem Vergleich zum Nutzen einer solchen Investition.

Ebenso meint er, daß Schauhäuser grundsätzlich auch deshalb gebraucht werden, weil schließlich doch nicht jedermann Lust, Geld und Zeit hat, sich einen tropischen Regenwald vor Ort anzusehen. Einen anderen wichtigen Grund zur Erhaltung von Gewächshäusern sieht er in der Aufgabe, gefährdete Pflanzenarten zu bewahren, was durch die zunehmende Zerstörung von Natur zur vorrangigen Funktion werden könnte.

In den vergangenen zwei bis drei Jahren hat sich in den Industriestaaten eine neue Form von Gewächshäusern entwickelt. In Japan und Deutschland etwa wurden riesige künstliche Berg- und Meereslandschaften unter Kuppeln geschaffen, die den modernen Erlebnistouristen nicht nur die Möglichkeit des Betrachtens, sondern auch des aktiv erlebten Abenteuers bieten. Diese Gebäude, die teilweise viele Stockwerke in das Innere der Erde führen, tragen vielleicht zur Schonung der bereits angegriffenen Natur bei, doch können sie nie das naturnahe Empfinden vermitteln, das der Besucher eines die Natur bewahrenden Gewächshauses aufgrund der Beschaffenheit dieser kunstvollen, aber nicht künstlichen, Glaspaläste verspürt.

Das Konzept der Ausstattung von Pflanzenschauhäusern hat sich in den vergangenen Jahren geändert. Inzwischen werden ganze Abteilungen biotopähnlich gestaltet und nicht – wie in der Vergangenheit – nur die einzelnen Pflanzen zur Schau gestellt. Für Bolhàr-Nordenkampf ist das Schönbrunner Palmenhaus nicht nur das schönste, sondern auch das gelungenste Schauhaus aus der Zeit der Gußeisenkonstruktionen.

Blütenflammen der Aphelandra

So kann man also heute behaupten, daß das Palmenhaus als solches nichts von seiner Bedeutung verloren hat. Ganz im Gegenteil, die Eröffnung von neuen Gewächshäusern, dem Princess of Wales Conservatory in Kew Gardens bei London und dem Tropicarium im Palmengarten von Frankfurt, lassen erkennen, daß Palmenhäuser nichts an Attraktivität eingebüßt haben.

Das Palmenhaus in Schönbrunn ist daher ein wichtiges Dokument für gegenwärtige und zukünftige Konzeptionen von Schaugewächshäusern.

Im Gegensatz zu Fotos und Naturfilmen liefert ein Besuch des Palmenhauses ein lebensnahes Erlebnis. Auf dem Fernsehschirm scheinen alle Lebewesen – Tiere, Pflanzen und Menschen – gleich groß: die Stubenfliege, der Elefant, das Maiglöckchen und der Mammutbaum. Ein Gefühl für deren Proportionen bekommt man aber nur in der erlebten Natur.

Neben den neuen künstlichen Welten gibt es noch andere moderne Wege, um die Natur zu präsentieren, wie zum Beispiel das Eden-Projekt in Cornwall. Riesige Glaskuppeln beherbergen eine bisher noch nie gezeigte Vielfalt an 135 000 Pflanzen aus tropischen und mediterranen Regionen. Diese gewaltigen Gebäude sind mehr als doppelt so hoch wie das Palmenhaus, die Grundfläche beträgt ein Vielfaches. Daher können natürlich auch der Lebensraum der Urwaldriesen und diese selbst unbeschnitten gezeigt werden.

Botanische Gärten mit den verschiedensten kleineren Gewächshäusern haben es sich ebenfalls zur Aufgabe gemacht, auf die Schönheit, aber auch die Verletzlichkeit der Natur hinzuweisen. In einigen wird das Leben von Pflanzen und Tieren gemeinsam präsentiert. Im Palmenhaus ist dies der Tümpel in der Tropenabteilung mit seinen Fischen und Fröschen. Im Sonnenuhrhaus werden nach der Wiedereröffnung neben Kakteen und anderen Sukkulenten auch Tiere zu bewundern sein, die diese Lebensräume mit den Pflanzen der Trockengebiete teilen. Zusätzlich wird im Tiergarten Schönbrunn ein Tropicarium gebaut.

Bolhàr-Nordenkampf verweist auch darauf hin, daß es keines gewaltigen wissenschaftlichen Forschungs- und Lernaufwandes bedarf, um die natürlichen Zusammenhänge der Pflanzen- und somit der Umwelt schlechthin gefühlsmäßig zu erfassen und zu verstehen:

„*Für diese intuitiven Perzeptionsvorgänge benötigen wir Menschen nur unsere rechte, kreative, gefühlsbetonte Gehirnhälfte, welche wir unbewußt benutzen. Wie wir leider aus der Bildungstätigkeit wissen, wird in unserer technischen, mathematisch orientierten Welt die rechte Gehirnhälfte zunehmend unterbeschäftigt, dadurch wird auch unsere Möglichkeit zur Erkennung ganzheitlicher Zusammenhänge für vorausschauende Planung kleiner.*" Die

Aufeinandertreffen französischer und englischer Gartenkunst

Benutzung der rechten Gehirnhälfte hätte den Menschen daher viele der sozialen, ökologischen und natürlich ökonomischen Probleme unserer Zeit ersparen können. So schreibt der Wissenschafter weiter:

„*Ein Schaugewächshaus kann die kreative, rechte Gehirnhälfte wieder anregen, da das Gefühl für harmonische, natürliche Zusammenhänge im Gewächshaus auch auf unsere nähere Umwelt übertragen werden kann. Siedlunggestaltung, Landschaftsplanung, Ökosystemverständnis und Erneuerungen in Land- und Forstwirtschaft brauchen nicht nur gute grundlegende wissenschaftliche Analysen, sondern unbedingt auch das ganzheitliche Erfassen aus Vergangenheit und Zukunft.*"

Außerdem schägt er vor, daß der Besuch des Palmenhauses aus therapeutischen Gründen vielen gestreßten Managern, aber auch Beamten, einmal in der Woche vorgeschrieben werden sollte. Die positiven Auswirkungen eines Besuches seien vergleichbar mit den positiven Folgen regelmäßiger sportlicher Betätigung für den Körper. Gleichzeitig seien die Auswirkungen auf unsere kreative, phantasiebegabte rechte Hirnhälfte äußerst stimulierend.

Seit seinem Bestehen wurde das Palmenhaus immer wieder als Therapieort empfohlen. Zu Beginn des 20. Jahrhunderts waren es die Lungenfachärzte, die so manchem Patienten einen Besuch des Palmenhauses zur Linderung von Luftwegserkrankungen vorgeschlagen haben. Heute soll unter den Palmen ein Mittel gegen Streß zu finden sein. Doch nicht nur als Oase für die Seele öffnet es den Besuchern seine Tore, sondern auch Künstlern dient es als Ort der Inspiration. Seit Jahren suchen überdies die Studenten der Textilfachschule dort Ideen und Anregungen für ihre Arbeiten.

Das faszinierende Gebäude war außerdem bereits einige Male Drehort für Filme, in denen Hollywood-Größen wie Ava Gardner, Omar Sharif oder Maria Schell zu sehen waren.

Neben diesen Funktionen hat das Palmenhaus aber auch wissenschaftliche Aufgaben. Die Schaffung von Pflanzenkonservatorien ist für die Menschheit zunehmend von Bedeutung. Denn der kontinuierliche Anstieg der Weltbevölkerung, aber auch die erhöhte Mobilität, zum Beispiel in Form des Massentourismus oder Zweithausbooms, zerstören rücksichtslos und großflächig unsere Naturlandschaften. Daher ist das Bewahren von bedrohten Pflanzen inzwischen so wichtig geworden.

Man kann sich zwar über den Kostenaufwand für die Renovierung und Erhaltung des Hauses wundern, der Wert des Gebäudes liegt jedoch nicht nur in seiner monetären Rentabilität. Das Palmenhaus in Wien kann sich mit den Einnahmen seiner Eintrittsgebühren natürlich genauso wenig selbst erhalten wie die großen Theater oder Opernhäuser dieser Stadt. Nur dem Tiergarten Schönbrunn ist es in den letzten Jahren gelungen, durch Partnerschaften mit Sponsoren die meisten seiner Ausgaben wieder wettzumachen. Die Zukunft des Schönbrunner Palmenhauses liegt wahrscheinlich in einer Verbindung von Gewächshaus und Tiergarten. Wobei aber besonders darauf zu achten wäre, daß die Pflanzen nicht nur eine Staffage für imposante und interessante Vogel-, Aquarien- oder Terrarienhäuser bilden.

Neu errichtete riesige Gewächshäuser wie etwa das Eden-Projekt in Cornwall, bereits einige Zeit davor

Blütenstanddetail der Pachystachys

In einzigartiger Weise im Schönbrunner Palmenhaus verwirklicht: Symbiose von Natur und Technik

das Tropicarium in Frankfurt und das „Prince of Wales Conservatory“ im Bereich der Royal Kew Gardens beweisen jedenfalls, daß die museale Präsentation der Pflanzen die Konkurrenz mit Erlebniswelten à la Disney World trotz der verlockenden Mittel moderner Technik nicht zu scheuen braucht. Im Gegensatz zur Animation und Attraktion dieser künstlichen Welten ist es nach wie vor die Aufgabe herkömmlicher Palmenhäuser, auf die vielfältigen Schönheiten unserer natürlichen Umwelt aufmerksam zu machen. Weder Erlebniswelten noch neue Formen der Tropicarien werden historisch authentische Palmenhäuser je ersetzen können. Und so wird die exotische Pflanzenpracht des Schönbrunner Palmenhauses als Palast der Blüten noch weiterhin die Sehnsüchte der Menschen nach fernen Welten ein wenig stillen.

Pflanzenregister

Literaturangabe

De Wit, H.C.D.: Knaurs Pflanzenreich in Farben. Bd. 2. Droemer, Zürich 1965.

Dolder, Willi u. Ursula: Paradiese. Tiere und Pflanzen in den letzten Urlandschaften unserer Erde. Deutscher Bücherbund, Stuttgart 1977.

Encke, Fritz: Kalt- und Warmhauspflanzen. Eugen Ulmer, 1987.

Fritsch, Günter: Palmenhauszyklus 1983-1991. Wien 1990.

Glaser, Josef: Schönbrunner Chronik. Wien 1990. Schloßhauptmannschaft Schönbrunn (Hrsg.)

Kawollek, Wolfgang: Kübelpflanzen. Südländische Gehölze für die Kultur in Töpfen und Kübeln. Eugen Ulmer, Stuttgart 1995.

Kronfeld, E. M.: Park und Garten von Schönbrunn. Amalthea, Zürich.

Kronfeld, E. M. u. Schechner, Kurt: Der Schönbrunner Garten. Verlag der Gartenbau-Gesellschaft, Wien 1919.

Kummert, Fritz: Das große Buch der Zimmerpflanzen. Südwest-Verlag, München, 1975.

Lampel, Erich: Das Schönbrunner Palmenhaus (in: Garten-Welt). Paul Parey, Hamburg 1956.

Leitner, Quirin: Monographie des kaiserlichen Lustschlosses Schönbrunn. Adolf Holzhausen, Wien 1875.

Lötschert, Wilhelm: Palmen. Botanik – Kultur – Nutzung. Eugen Ulmer, Stuttgart 1985.

Milne, Lorus u. Margery: Knaurs Naturgeschichte in Farben. Die Welt der Pflanzen. Droemer Knaur, München 1970.

Rinnerbauer, Otto u. Vogl, Kurt u. Fischer-Colbrie, Peter: Führer durch das Palmenhaus in Schönbrunn. Bundesgärten Schönbrunn, Wien.

Salomon, Carl: Die Palmen nebst ihren Gattungen und Arten für Gewächshaus- und Zimmer-Kultur. Paul Parey, Berlin 1887.

Schmeil, O. u. Seybold, A.: Lehrbuch der Botanik, I. Bd. Quelle & Meyer, Leipzig 1940.

Schmitt, Friedrich: Schönbrunn, Schloß und Garten. Schlosshauptmannschaft Schönbrunn, Wien 1973.

Schötz, Franz: Botanischer Garten München: Die Gewächshäuser. Selbstverlag Botanischer Garten München, 1977.

Strasburger, Eduard u. Harder, Richard u. Firbas, Franz u. Schumacher, Walter u. Von Denffer, Dietrich: Lehrbuch der Botanik für Hochschulen. Gustav Fischer, Stuttgart 1962.

Umlauft, Anton: Schönbrunn. Seine Gärten und ihre Geschichte. Carl Gerold´s Sohn, Wien 1894.

Urania Pflanzenreich – Höhere Pflanzen Teil 1., 1975. Teil 2 Urania, Leipzig 1976.

Urban, Leopold: Die Orangerie von Schönbrunn. Österreichischer Agrarverlag, Klosterneuburg 1999.

Weissenbacher, Gerhard: In Hietzing gebaut. Architektur und Geschichte eines Wiener Bezirkes. Bd. I. Holzhausen, Wien 1996.

Wettstein, Ritter von Richard: Handbuch der systematischen Botanik. Franz Deuticke, Leipzig 1911.

Zander, Robert: Handwörterbuch der Pflanzennamen. Eugen Ulmer, Stuttgart 1993.

Dank

Mein besonderer Dank gilt meiner lieben Gattin Gerti Vogl sowie meinem Schwiegersohn Nico Giustiniani, die mit ihren Ideen und ihrem unermüdlichen Einsatz am Computer wesentlich zum Gelingen des Buches beigetragen haben.

Ebenso gilt der Dank Herrn Friedrich Schandera, der die Endfassung des Manuskripts in den Computer übertragen hat.

Kurt Vogl
Gerhard Deimel

Bildnachweis

Albertina, Wien: 25
Gemäldegalerie der Akademie der bildenden Künste in Wien: 6/7
Gridl, Ignaz: Glashäuser der K.K. Hof-Eisenconctructions-Werkstätte, Schlosserei und Brückenbauanstalt, Wien: 30/31, 39
Historisches Museum der Stadt Wien: 26
Naturhistorisches Museum, Wien: 19
Österreichische Bundesgärten: 10, 23, 45, 48, 49, 56, 71 links, 78, 82, 108, 121, 126, 133, 182
Privatbesitz Günter Fritsch: 51
Weissenbacher, Gerhard: In Hietzing gebaut. Bd. I, Holzhausen, Wien 1996: 32

Alle übrigen Fotos stammen von Frau Mag. Ingrid Gregor